平法国家建筑标准设计11G101－1原创解读

陈青来　著

江苏科学技术出版社

图书在版编目(CIP)数据

平法国家建筑标准设计 11G101-1 原创解读/陈青来著.—南京:江苏科学技术出版社,2014.2
ISBN 978-7-5537-2455-3
Ⅰ.①平… Ⅱ.①陈… Ⅲ.①建筑设计—国家标准—研究—中国 Ⅳ.①TU203
中国版本图书馆 CIP 数据核字(2013)第 290321 号

平法国家建筑标准设计 11G101-1 原创解读

主　　编　陈青来
项目策划　凤凰空间/翟永梅
责任编辑　刘屹立
特约编辑　封秀敏

出版发行　凤凰出版传媒股份有限公司
　　　　　　江苏科学技术出版社
出版社地址　南京市湖南路 1 号 A 楼,邮编:210009
出版社网址　http://www.pspress.cn
总　经　销　天津凤凰空间文化传媒有限公司
总经销网址　http://www.ifengspace.cn
经　　销　全国新华书店
印　　刷　天津泰宇印务有限公司

开　　本　787 mm×1 092 mm　1/16
印　　张　8.5
字　　数　189 000
版　　次　2014 年 9 月第 2 版
印　　次　2016 年 3 月第 4 次印刷

标准书号　ISBN 978-7-5537-2455-3
定　　价　39.00 元

前　　言

“平法”是本书作者的科技成果“建筑结构平面整体设计方法”的简称。

平法成果1995年荣获山东省科技进步奖、1997年荣获建设部科技进步奖并由国家科委列为《“九五”国家级科技成果重点推广计划》项目、由建设部列为一九九六年科技成果重点推广项目。

自1996年至2009年，作者陆续完成了G101系列平法建筑标准设计的全部创作。该系列于1999荣获建设部全国工程建设标准设计金奖，2008年荣获住建部全国优秀工程设计金奖，并在2009年荣获全国工程勘察设计行业国庆六十周年作用显著标准设计项目大奖。自1991年底首次推出平法，历经二十多年的持续研究和推广，平法已在全国建筑结构工程界全面普及。

平法的成功推广与可持续发展，应当感谢结构界的众多专家学者和广大技术人员。[1]

1994年9月，经中国机械工业部设计研究总院邓潘荣教授大力推荐，由该院总工程师周廷垣教授鼎力支持，邀请本人进京为该院组织的七所兄弟大院首次举办平法讲座；当年10月，由中国科学院建筑设计研究院总工程师盛远猷教授推荐、中国建筑学会结构分会和中国土木工程学会共同组织，邀请本人在北京市建筑设计研究院报告厅，为在京的百所中央、部队和地方大型设计院的同行做平法讲座；两次发生在我国政治、文化、科技中心的重大学术活动，正式启动了平法向全国工程界的推广进程。

1995年5月，浙江大学副校长唐景春教授邀请本人初下江南，在浙大邵逸夫科学馆做平法讲座，为平法将来进入教育界先落一子。1995年8月，中国建筑标准设计研究院总工程师陈幼璠教授，以其远见卓识、鼎力推荐平法编制为G101系列国家建筑标准设计，促动平法科技成果直接进入结构设计界和施工界，缩短转化时间，以期迅速解放生产力。

1995至1999年，是平法向全国推广的重要基础阶段。在此阶段，建设部前设计司吴亦良司长和郑春源副司长、国家计委前设计局左焕黔副局长、中国建筑设计研究院总工程师暨国务院参事吴学敏教授、中国建筑标准设计研究所陈重所长、山东省建筑设计研究院薛一琴院长等数位大师级、学者型官员，在平法列为建设部科技成果重点推广项目、列入国家级科技成果重点推广计划、荣获建设部科技进步奖和创作G101系列国家建筑标准设计等重大事项上，发挥了重要的行政作用。

在平法十几年的发展过程中，有众多专家学者直接或间接地发挥了重要作用。本人在此真诚感谢邓潘荣、周廷垣、盛远猷、唐景春、吴学敏、陈幼璠、刘其祥教授，真诚感谢成文山、乐荷卿、沈蒲生教授，真诚感谢陈健、陈远椿、侯光瑜、程懋堃、姜学诗、徐

[1] 本段及其后五段所有文字摘自作者本人著作《钢筋混凝土结构平法设计与施工规则》序言。北京，中国建筑工业出版社，2007.

有邻、张幼启教授，真诚感谢曾经参加平法系列国家建筑标准设计技术审查会和校审平法系列图集的所有专家、学者和教授。

在此，还应真诚感谢工作在结构设计、建造、预算和监理第一线，曾经参加本人平法讲座的数万名土建技术人员和管理人员。是他们将实践中发现的实际问题与本人交流，不仅使平法研究目标落到实处，而且始终未偏离存在决定意识的哲学思路。

我国正在进行的伟大的改革开放事业，激励平法研究坚持科学发展观“与时俱进”，在科学认识上不断深入。

在世界各国设计领域，通常有相应专业技术的“设计标准[1]”，但并无“标准设计”。在满足同一设计标准的原则下，同一设计目标可以多种设计形式实现同样功能，即在满足设计可靠度的原则下，繁荣创作形成技术竞争和进步。平法 G101 系列虽获成功，但若长期缺乏竞争会形成垄断技术平台，从而妨碍技术创新。平法研制者坚持以求真务实的诚实劳动进行平法通用设计图集的研究创作，坚持技术创新，坚持不懈地促进我国建筑结构领域的技术进步。[2]

自 11G101－1 图集出版后，经过两年时间的实践，业界通过各种方式向原创平法图集作者本人对其内容提出诸多疑问。本着科学、严谨、务实的观念，作者推出本原创解读。

本原创解读将对 11G101－1 图集中的综合构造，柱和剪力墙、梁与板的具体构造等，从概念到方法逐一做出科学解读。为读者较系统地解析结构技术新概念，供建筑结构设计、施工、监理、造价等人员等阅读应用，也可作大学土木工程专业学生与研究人员的专业参考资料。在具体工程的平法图集应用过程中，读者可对照解读内容明晰概念，鉴别真伪，有利于提高自身技术水平。

一册解读不可能解析所有的问题，但多册解读可以解析更多的问题。本书作者将坚持诚实创作，为业界提供更多更好的原创作品。

对本解读中发现的问题或建议，请联系山东大学陈青来教授，邮箱：qlchen@sdu.edu.cn。

2014 年 1 月

作者声明

作者坚信党和国家“加强知识产权运用和保护，健全技术创新激励机制”的最新深化改革举措，将大幅净化学术环境，激励诚实创作活力，推动科技进步。平法原创作品受《中华人民共和国著作权法》保护。未经作者正式许可，任何单位和个人对平法原创作品进行违反著作权法相关规定的侵权行为，应承担相应的法律责任。

[1] 我国建筑结构领域的设计标准为代号开头为 GB 的各类设计、施工规范。
[2] 本段所有文字摘自作者本人著作《混凝土主体结构平法通用设计 C101－1》前言。北京，中国建筑工业出版社，2012.

目　　录

第 1 章　平法构造原理

【概要】

1.1　在混凝土结构基本原理中，对具体构件均有特定的构造要求，如分别对基础、柱、墙、梁、板等的构造要求；这些针对特定构件的构造要求，反映的是构造的个性，个性即特殊性。

不同种类的构件，在构造上有不同的个性；但所有种类的构件，肯定具有构造上的共性，共性即普遍性。哲学原理告诉我们，共性寓于个性之中，普遍性寓于特殊性之中。揭示构造的共性即普遍性，是构造原理的基本功能。

构造设计的基本属性为构造规则，构造规则应符合构造原则，构造原则应符合构造规律，构造规律即构造的普遍性。哲学认识论与方法论提示我们，研究问题应从普遍性观察、入手，才可准确探求其特殊性。解释构造的普遍属性，为构造原理的专项功能。

构造原理将揭示构造规律，构造规律将科学指导构件的构造方式，以此科学方式，可避免在无理论指导下形成的各类构造要求之间因其“各自为政”而产生的技术矛盾。

1.2　当前通行的混凝土结构基本原理，为“构件设计原理”再加“构造要求”；而针对具体构件的构造要求，明显缺少反映构造规律的理论支撑。由于构造原理缺位，导致构造要求无系统性，使现行混凝土“结构基本原理”更像是“构件基本原理”。

在现行结构规范中，也可观察到在无构造原理指导的构造要求之间产生的矛盾。例如，纵筋机械锚固的构造要求为锚固长度取基本锚固长度的 60%；但框架梁纵筋在柱中的机械锚固却变为取基本锚固长度的 40%。且诸如此类明显在逻辑矛盾并非个例。

无构造原理指导，导致无构造规律可循；无构造规律可循，使本来比构件计算方法相对简单的构造方式，反而变成业界难点。

1.3　平法设计与施工规则包括各种结构体系中各类构件的构造设计。而一个覆盖结构全部构件的体系若无构造原理指导，则无法担此重任。显然，构造原理必然成为平法研究的重要课题之一。

平法从整体视角观察、分析各类构件构造中普遍具有的构造本质，发现构造规律，最终形成平法构造原理。

应用平法构造原理，平法成功完成原创 G101 系列国家建筑标准设计，并继续指导 C101 系列平法通用设计的创作 [1]。平法构造原理自 1992 年起在长达 20 余年的时间里不断研究、发展、完善，在全国范围已成功经受了十几万项工程建设的实践检验。

---

[1] 由作者本人创作的平法 G101 系列国家建筑标准设计，于 2009 年 10 月荣获“全国工程勘察设计行业国庆六十周年作用显著标准设计项目大奖”（获奖名次位于全国共 10 项大奖首位）。

1.4 结构由构件组成，构件的有序连接构成构件链；构件的支承顺序，是形成构件链的依据。例如“基础→柱→梁→板”、“框架柱→框架梁（主梁）→非框架梁（次梁）”等构件链，既体现了构件的支承顺序，又反映了构件的有序关联。

两构件的关联部位，称为节点构造；关联部位之外的构造，称为本体构造。节点构造与本体构造，构成两大构造分类。

1.5 节点构造，关系到节点主体与节点客体。当两构件的支承与被支承关系明确且固定时，支承构件为节点主体，被支承构件为节点客体；当两构件的支承与被支承关系不确定或不固定时，若联合承载荷载则互为节点主体，若分别承载荷载则互为节点客体。

例如：基础支承柱，基础为节点主体，柱为节点客体；柱支承梁，柱为节点主体，梁为节点客体；梁支承板，梁为节点主体，板为节点客体。

1.6 在明确构件连接部位的节点主体与客体之后，在外形上还可划分“宽主体、宽客体、等宽度、单侧相平”等不同节点。

两构件的连接区域归属节点主体构件。节点的混凝土强度等级与节点主体构件相同，节点主体构件的纵筋与箍筋，必须贯通节点设置。当节点不具备主体构件纵筋需要的贯通条件（如变截面）时，纵筋可在无法贯通的节点部位连接，但不属在节点部位锚固。

节点客体构件的纵筋可在节点锚固或贯通节点；当锚固时，其锚固形式按实际受力需求，可分为刚性锚固与半刚性锚固。

节点客体构件与节点主体可刚性连接，也可半刚性连接；当为刚性连接时（如柱与基础、框架梁与框架柱等刚性节点），节点客体纵筋应足强度锚固；当为半刚性连接时（如主次梁节点），则可非足强度锚固。且符合受力需求的两种锚固，均为可靠锚固。

关于互为主体节点（如井字梁交叉点等）和互为客体节点（独立基础与条形基础相连接部位等），构造原理有相应的构造原则。

关于宽主体节点、宽客体节点、等宽度节点、单侧相平节点等，构造原理有相应的构造原则。

1.7 根据结构构件是否具有独立承载荷载的功能，可分为“独立构件”与“非独立构件”。剪力墙结构普遍存在“非独立构件”。如暗梁、边框梁、暗柱、扶壁柱、端柱、框支梁等，这类构件本体与剪力墙一体成形，无独立承载荷载的功能。

非独立构件的实质，系为满足剪力墙不同部位的特殊受力需求而设置的特殊加强构造。构造原理将非独立构件作为加强构造的概念，可避免将本体普通构造与本体加强构造的钢筋连接（如墙身与暗柱的水平筋连接），误按节点构造方式处理。

1.8 上述平法构造原理概要，简略勾画出平法系统在构造设计方面的技术路线。具体的构造规则和所涉及的构造原则，将在后续章节中结合具体构造详图进行解读。

关于平法构造原理和其基础理论——混凝土结构的解构理论——的较详尽的研究分析，详见作者的其他相关著作。

第 2 章　平法制图规则总则解读

【原文】

1.0.1　为了规范使用建筑结构施工图平面整体设计方法，保证按平法设计绘制的结构施工图实现全国统一，确保设计、施工质量，特制定本制图规则。

【解读】

该条文字与原创 03G101－1 第 1.0.1 条相同，但应注意，"规范使用"平法并非要求必须采用平法。平法是推荐性的设计表达规则和构造设计规则，是技术方法类的科研成果。

平法在涉及结构可靠度[1]的构造设计上，跟所有单项工程设计一样均应满足设计标准（即规范、规程）的要求，但平法的作用，系令选用者的设计表达和施工操作规则化以提高工作效率及方便质量控制，但平法不是具有强制作用的设计标准[2]；显然，不了解平法的理论实质，将技术规则误作技术标准，是不科学的。

平法是有自身理论支撑的完整的方法系统，"规范使用"平法的正面意义还在于希望对平法未做研究的部门或个人，勿随意对平法做简单复制和边际改动，以免割裂平法系统的科学完整性。

【原文】

1.0.2　本图集制图规则适用于基础顶面以上各种现浇混凝土结构的框架、剪力墙、梁板（有梁楼盖和无梁楼盖）等构件的结构施工图设计。楼板部分也适用于砌体结构。

【解读】

11G101－1 的内容，绝大部分源自 03G101－1（主体结构）和 04G101－4（楼面板和屋面板），部分源自 08G101－5（箱形基础和地下室结构）。

原创平法 G101 系列标准设计未将楼板和地下室结构收入 03G101－1 中的依据：

1、混凝土主体结构在概念上，通常指地上部分广义的结构框架，不包括楼板和地下室结构；

2、楼板通常不进行抗震计算，也不采用抗震构造（转换层位置的楼板除外）；

---

[1] 结构可靠度是结构可靠性的概率度量，结构可靠性是结构安全性、适用性、耐久性的总称。

[2] 在市场经济技术领域只有"设计标准"（指规范和规程），并无"标准设计"。建筑标准设计是计划经济时期的产物，与市场经济环境存在矛盾；虽然标准设计在过渡时期对平法推广有积极作用，但其计划经济的基因易使平法形成技术垄断，如此会压制竞争妨碍创新，因此无可持续科学发展前景。

3、地下室结构嵌在土层中，侧向受土层的约束，对横向地震作用的反应，与矗立在空气中的主体结构相比要小很多。

由以上三条依据可知，将主体结构、楼面与屋面结构、箱基地下室结构分册编制，系根据系统科学进行的分类，有防止混淆概念的作用。

【原文】

1.0.3　当采用本制图规则时，除遵守本图集有关规定外，还应符合国家现行有关标准。

【解读】

该条文字将 03G101－1 第 1.0.3 条中的“国家现行有关规范、规程和标准”简化为“国家现行有关标准”，现行规范的代号均以代表国家标准的“GB”字母开头，“有关标准”一词可以涵盖结构专业的相关规范。

在工程技术界，除国家标准之外，还有国家行业标准。国家行业标准的代号不以“GB”字母开头，如《高层建筑混凝土结构技术规程》的代号为 JGJ 3－2010。建筑结构行业所有规程类，均属国家行业标准的范畴。

【原文】

1.0.4　按平法设计绘制的施工图，一般是由各类结构构件的平法施工图和标准构造详图两大部分构成，但对于复杂的工业与民用建筑，尚需增加模板、开洞和预埋件等平面图。只有在特殊情况下才需增加剖面配筋图。

【解读】

该条与 03G101－1 第 1.0.4 条文字相同。

平法施工图指采用平法制图规则完成的结构施工图，平法制图规则主要有平面注写方式、列表注写方式和截面注写方式，通常情况下，截面注写方式为辅助方式。

平法是一种专业技术方法，平法施工图是建筑结构专业的技术设计图纸，而不是可让非专业人士读懂的图解类产品说明书。平法革除了适合教学但不适合规模生产的“单构件正投影加截面图表示法”，代之以更为专业化的设计表达，可阻止非专业人士盲目从事专业活动，以确保建筑结构设计与施工的技术含量。

【原文】

1.0.5　按平法设计绘制结构施工图时，必须根据具体工程设计，按照各类构件的平法制图规则，在按结构(标准)层绘制的平面布置图上直接表示各构件的尺寸、配筋和所选用的标准构造详图。出图时，宜按基础、柱、剪力墙、梁、板、楼梯及其他构件的顺序排列。

【解读】

该条与 03G101－1 第 1.0.5 条文字相同。

平法是按系统科学理论建立的整合系统，在总系统之下，包括：底部构件（基础）、竖向构件（柱或剪力墙）、横向构件（梁）、平面构件（楼板）等子系统。显然，平法设计的子系统顺序，与实际施工的顺序一致，反映了系统科学的自然性与实用性。

【原文】

1.0.6 在平面布置图上表示各构件尺寸和配筋的方式，分平面注写方式、列表注写方式和截面注写方式三种。

【解读】

该条与 03G101－1 第 1.0.6 条文字相同，可参考第 1.0.4 条解读。

【原文】

1.0.7 按平法设计绘制结构施工图时，应将所有柱、墙、梁构件进行编号，编号中含有类型代号和序号等。其中，类型代号的主要作用是指明所选用的标准构造详图；在标准构造详图上，已经按其所属构件类型注明代号，以明确该详图与平法施工图中相同构件的互补关系，使两者结合构成完整的结构设计图。

【解读】

该条与 03G101－1 第 1.0.7 条文字相同。

平法设计包括设计者绘制的平法施工图和印刷出版的构造详图两部分，构件编号中的类型代号是将两部分连接在一起的信息纽带，将同一构件的平法设计内容与构造详图连接在一起。

【原文】

1.0.8 按平法设计绘制结构施工图时，应当用表格或其他方式注明包括地下和地上各层的结构层楼(地)面标高、结构层高及相应的结构层号。

其结构层楼面标高和结构层高在单项工程中必须统一，以保证基础、柱与墙、梁、板、楼梯等用同一标准竖向定位。为施工方便，应将统一的结构层楼面标高和结构层高分别放在柱、墙、梁等各类构件的平法施工图中。

注：结构层楼面标高系指将建筑图中的各层地面和楼面标高值扣除建筑面层及垫层做法厚度后的标高，结构层号应与建筑楼层号对应一致。

【解读】

该条除标有下划线的“楼梯”词外，其他均与 03G101－1 第 1.0.8 条文字相同。

具体构件需要三维尺寸确定几何空间，平法主要在结构平面布置图上表达设计内容，此时附加采用结构层楼(地)面标高、结构层高及相应的结构层号表格，可以清晰、简明地表达具体构件的竖向定位数据。

【原文】

1.0.9 为了确保施工人员准确无误地按平法施工图进行施工，在具体工程施工图中必须写明以下与平法施工图密切相关的内容：

1．注明所选用平法标准图的图集号(如本图集号为 11G101－1)，以免图集升版后在施工中用错版本。

2．写明混凝土结构的设计使用年限。

3．当抗震设计时，应写明抗震设防烈度及抗震等级，以明确选用相应抗震等级的标准构造详图；当非抗震设计时，也应注明，以明确选用非抗震的标准构造详图。

4．写明各类构件在不同部位所选用的混凝土的强度等级和钢筋级别，以确定相应纵向受拉钢筋的最小锚固长度及最小搭接长度等。

当采用机械锚固形式时，设计者应指定机械锚固的具体形式、必要的构件尺寸以及质量要求。

5．当标准构造详图有多种可选择的构造做法时，写明在何部位选用何种构造做法。当未写明时，则为设计人员自动授权施工人员可以任选一种构造做法进行施工。

6．写明柱(包括墙柱)纵筋、墙身分布筋、梁上部贯通筋等在具体工程中需接长时所采用的接头形式及有关要求。必要时，尚应注明对钢筋的性能要求。

轴心受拉及小偏心受拉构件的纵向受力钢筋不得采用绑扎搭接，设计者应在平法施工图中注明其平面位置及层数。

7．写明不同部位所处的环境类别。

8．注明上部结构的嵌固部位位置。

9．设置后浇带时，注明后浇带的位置、浇筑时间和后浇混凝土的强度等级以及其他特殊要求。

10．当柱、墙或梁与填充墙需要拉结时，其构造详图应由设计者根据墙体材料和规范要求选用相关国家建筑标准设计图集或自行绘制。

11．当具体工程中有特殊要求时，应在施工图中另加说明。

【解读】

该条内容除有下划线的文字外，均与 03G101－1 第 1.0.9 条及 08G101－5 第 1.0.9 条的文字相同。

关于第 2 款提到的“设计使用年限”，需了解《工程可靠性设计统一标准》GB 50153－2008 第 3.3 条“设计使用年限和耐久性”中第 3.3.2 款的相应规定：

“3.3.2 房屋建筑结构、铁路桥涵结构、公路桥涵结构和港口工程结构的设计使用年限应符合附录 A 的规定。

注：1 其他工程结构的设计使用年限应符合国家现行标准的有关规定；

2 特殊工程结构的设计使用年限可另行规定。

GB 50153—2008 附录 A 中“房屋建筑结构的使用年限”见下表。

房屋建筑结构的设计使用年限

类别	设计使用年限（年）	示　　例
1	5	临时性建筑结构
2	25	易于替换的结构构件
3	50	普通房屋和构筑物
4	100	标志性建筑和特别重要的建筑结构

关于第 3 款提到的“抗震设计”，应清楚在结构设计总说明中所注明的工程抗震设防烈度及抗震等级，系指主体结构，通常不包括基础结构和非主体结构构件。建筑结构按抗震设计，并不等于该结构所有构件全部按抗震设计，例如：独立基础、条形基础、筏形基础、箱形基础、楼板（不包括转换层楼板）、楼梯等构件，由于在设计力学计算时不考虑其参与吸收地震作用产生的能量，因此，对这些种类的基础和非主体结构构件不采用抗震构造。

关于第 5 款提到的“多种可选择构造做法”，表明任何一个部位的构造设计均不是唯一的。构造设计的基本原则，当受力状况确定时，应满足其可靠度要求；当受力状况不确定时，应基本满足可控目标要求；无论是本体构造还是节点构造，在符合构造设计基本原则前提下，可有多种不同的构造形式，且通常采用哪一种均可。

关于第 6 款“轴心受拉及小偏心受拉构件的纵向受力钢筋不得采用绑扎搭接”要求，原文取自《混凝土结构设计规范》GB 50010－2010 第 8.4.2 条：

“8.4.2 轴心受拉及小偏心受拉杆件的纵向受力钢筋不得采用绑扎搭接；” 注意到时下业界普遍将“非独立构件”（名义构件）也称为“构件”，而非独立构件不会与杆件混淆；该第 6 款中将规范原文的“杆件”改称 “构件”，一字之差可能导致误解，

“杆件”通常指杆状构件，如柱、梁、桁架等，在地震作用组合下，杆状构件的框架角柱和边柱可能存在“小偏心受拉”状态；作为“构件”的剪力墙边缘构件[1]或短肢剪力墙，在地震作用组合下也可能存在“小偏心受拉”状态，如果要求此状态下的剪力墙边缘构件或短肢剪力墙的纵向受力钢筋不得采用绑扎搭接，显然严于规范要求。

关于第 7 款要求“写明不同部位所处的环境类别”，结合第 2 款要求“写明混凝土结构的设计使用年限”，以确定构件的混凝土保护层的最小厚度。

---

[1] 虽然剪力墙边缘构件的实质为“边缘加强构造”，故其实际为名义构件（非独立构件）。应注意边缘构件一词在概念上易与独立构件概念相混淆。

关于第 8 款要求“注明上部结构的嵌固部位位置”，其中所指“嵌固部位”，在抗震与非抗震设计上的概念有所不同。

对于非抗震设计，“上部结构的嵌固部位”位于基础顶面，通常不需要格外注明。

对于抗震设计，“上部结构的嵌固部位”可位于埋深较浅的基础顶面，或位于刚度较大的箱形基础顶面，也可位于地上结构的首层地面，或可位于基础结构一层地下室的地面（但位于地下二层地面的意义不大）。具体位于何部位，应根据实际受力状况，由设计者确定。

“结构的嵌固部位”不是抗震设计术语，其在抗震设计概念上的准确定义为“结构计算嵌固端”。嵌固端与结构底层定义相关，但抗震设计有两个“底层”定义，一个为“计算嵌固底层”，另一个为“构造加强底层”。其中，计算嵌固底层与构造加强底层可能同层，也可能不同层。应特别注意，构造加强底层任何情况下均指地上结构的首层（见现行《混规》GB 50010－2010 第 11.1.5、11.4.2、11.7.12~16 条）；该层由于不受土层嵌固，地震时在空气中往复摆动，地上结构累计至地面首层的地震横向作用最大，而嵌固土层可耗散地震对地下结构的横向作用。因此，地面首层为底部加强层是基准条件，而底部加强构造是否向下延伸为附属条件。

抗震设计与非抗震设计在整体上的主要区别，是抗震设计必须考虑地震横向作用对主体结构的影响。当有地下室时，不仅土层对地下室侧壁有很强的嵌固作用，而且地下室本身的侧向刚度通常也高于地上结构；当地下一层与地上首层的侧相刚度比未能满足地下室顶板作为计算嵌固部位的要求，而将嵌固部位定于地下一层地面时，绝不可忽略为抵抗地震对地上首层的横向破坏作用，不可遗漏在该层应采取的加强构造。

【原文】

1.0.10　对受力钢筋的混凝土保护层厚度、钢筋搭接和锚固长度，除在结构施工图中另有注明者外，均须按本图集标准构造详图中的有关构造规定执行。

【解读】

当构造详图中标注的锚固长度或搭接长度为 l_{ab}、l_a、l_{abE}、l_l、l_{lE} 时，施工时直接查相应表格中的数值；当标注的代号前有数字时，如 $0.4l_{ab}$、$1.5\,l_{abE}$ 等，应采用相应表格中的 l_{ab}、l_{abE} 数值与代号前的数字系数相乘后的结果。例如：弯钩锚固的条件，通常为直段锚固长度 $0.4l_{ab}$ 或 $0.4\,l_{abE}$ 加直角弯钩长度 $15d$，此时 $0.4\,l_{abE}+15d$ 或 $0.4\,l_{abE}+15d$ 通常小于 l_{ab} 或 l_{abE}，由于已经满足了弯钩锚固的条件，故不须将总锚固长度与 l_{ab} 或 l_{abE} 的长度进行比较。

第 3 章　综合构造解读

混凝土结构的综合构造规定，适用于各类构件的相应部位，对于某类构件的具体构造，具有普遍指导作用。

【原表】

11G101－1 第 53 页，受拉钢筋基本锚固长度 l_{ab}、l_{abE}。

受拉钢筋基本锚固长度 l_{ab}、l_{abE}

钢筋种类	抗震等级	混凝土强度等级								
		C20	C25	C30	C35	C40	C45	C50	C55	≥C60
HPB300	一、二级（l_{abE}）	45d	39d	35d	32d	29d	28d	26d	25d	24d
	三级（l_{abE}）	41d	36d	32d	29d	26d	25d	24d	23d	22d
	四级（l_{abE}） 非抗震（l_{ab}）	39d	34d	30d	28d	25d	24d	23d	22d	21d
HRB335 HRBF335	一、二级（l_{abE}）	44d	38d	33d	31d	29d	26d	25d	24d	24d
	三级（l_{abE}）	40d	35d	31d	28d	26d	24d	23d	22d	22d
	四级（l_{abE}） 非抗震（l_{ab}）	38d	33d	29d	27d	25d	23d	22d	21d	21d
HRB400 HRBF400 RRB400	一、二级（l_{abE}）	—	46d	40d	37d	33d	32d	31d	30d	29d
	三级（l_{abE}）	—	42d	37d	34d	30d	29d	28d	27d	26d
	四级（l_{abE}） 非抗震（l_{ab}）	—	40d	35d	32d	29d	28d	27d	26d	25d
HRB500 HRBF500	一、二级（l_{abE}）	—	55d	49d	45d	41d	39d	37d	36d	35d
	三级（l_{abE}）	—	50d	45d	41d	38d	36d	34d	33d	32d
	四级（l_{abE}） 非抗震（l_{ab}）	—	48d	43d	39d	36d	34d	32d	31d	30d

【解读】

该表 HRB335、HRB400、RRB400 横向栏目分别对应的 C20、C25、C30、C35、C40 竖向栏目中的数据，与原创 03G101－1 第 33 页“受拉钢筋的最小锚固长度 l_a”表及第 34 页“受拉钢筋抗震锚固长度 l_{aE}”表中的数据相同；该表除数据以外的不同之处，一是原表为锚固长度 l_a 和抗震锚固长度 l_{aE}，现表为基本锚固长度 l_{ab}、l_{abE}；二是将原文的两表合并为一表，三是增加了新钢筋种类 HPB300、HRBF335、HRBF400、HRB500、HRBF500 横向栏目以及分别对应的 C45、C50、C55、C60 竖向栏目数据。

1. 关于将“锚固长度”改为“基本锚固长度”的依据

该项改变以 2011 年 7 月开始施行的《混凝土结构设计规范》GB50010－2010（简称“现行《混规》”）为依据。

现行《混规》第 8.3.1 条的基本锚固长度计算公式：

$$l_{ab}=\alpha\frac{f_y}{f_t}d \qquad (8.3.1\text{-}1)$$

与上一版《混凝土结构设计规范》GB50010—2002（简称“上版《混规》”）第 9.3.1 条的锚固长度计算公式：

$$l_a=\alpha\frac{f_y}{f_t}d \qquad (9.3.1\text{-}1)$$

等号右边完全相同，仅等号左边代号的下标不同。

对于受拉钢筋锚固长度的计算，现行《混规》第 8.3.1 条增加了一项公式：

$$l_a=\zeta_a l_{ab} \qquad (8.3.1\text{-}3)$$

式中：ζ_a—— 受拉钢筋锚固长度修正系数。

现行《混规》在第 11.6.7 条增加了一项公式，专项用作抗震框架梁柱纵筋弯折锚固时的直线段锚长计算参数：

$$l_{abE}=\zeta_{aE}l_{ab} \qquad (11.6.7)$$

式中：ζ_{aE}—— 受拉钢筋抗震锚固长度修正系数。

例如，抗震框架梁纵筋弯折锚固直线段锚长≥$0.4l_{abE}$，注意到现行《混规》并未将l_{abE}命名为抗震基本锚固长度。抗震不是精确控制技术，在其理论上无“基本”定义。

对于受拉钢筋抗震锚固长度的计算，现行《混规》第 11.1.7 条增加了一项公式：

$$l_{aE}=\zeta_{aE}l_a \qquad (11.1.7\text{-}1)$$

现行《混规》新增系数ζ_a的背景，为上版《混规》GB 50010－2002 第 9.3.1 条针对锚固长度l_a遇不同情况进行修正的 6 项条款；新增系数ζ_{aE}的背景，为上版《混规》第 11.1.7 条中关于不同抗震等级 l_{aE}与非抗震 l_a关系式中的数字系数。简言之，现行《混规》将上版《混规》的修正系数冠以代号，同时将上版《混规》术语“锚固长度”改称为“基本锚固长度”，形式改变但实质内容并未改变。

关于锚固长度的概念，我国规范和美国规范比较接近，均为以钢筋达到极限强度（屈服强度）为锚固长度的确定条件。这样的锚固长度确定条件，跟欧洲规范的区别较大。欧洲规范（EN1992:2004）采用以设计所取钢筋应力为锚固长度的确定条件。

锚固长度的取值目的为满足钢筋受力时发挥其设计强度。当按欧洲规范进行设计时，所取钢筋应力不一定为屈服强度，因此，欧洲规范以“基本锚固长度”为尺度，调整钢筋在不同设计应力下相应的锚固长度，即欧洲规范对应于设计所取的不同应力，计算出不同的锚固长度用于具体施工。

我国现行规范以钢筋达到屈服强度来确定锚固长度的基础理论并未改变，仅将“锚固长度”改称“基本锚固长度”，导致多数基本锚固长度的计算值与按上届规范锚固长度的计算值相同，基本锚固长度本应为过程参数，却变成了最后结果。

科技术语应严谨且不分国界，我国与欧洲规范的“基本锚固长度”术语，在形式逻辑上不具同一性，明显存在逻辑冲突。

2．将 l_{ab}与 l_{abE}一起列入“基本锚固长度表”是否存在依据

关于现行《混规》中各类锚固参数的生成路径，如下所示：

$$\begin{array}{ccccc} l_{ab} & \longrightarrow & l_a & \longrightarrow & l_{aE} \\ \downarrow & & & & \\ l_{abE} & & & & \end{array}$$

显然， l_{ab}是生成各项锚固长度的基础。将 l_{ab}与ζ_a相乘生成l_a，与ζ_{aE}相乘生成l_{aE}；而将 l_{ab}与ζ_{aE}相乘生成 l_{abE}。

l_{ab}为基本锚固长度，但 l_{abE}仅作为纵筋弯折抗震锚固时直线段锚长的计算参数（通常为 $0.4l_{abE}$），l_{aE}与 l_{abE}不存在直接生成关系，即 l_{abE}不是抗震锚固长度 l_{aE}的“抗震基本锚固长度”，故将其数

值列入“基本锚固长度表”既无规范依据，更无科学依据。

3．现行《混规》的普通钢筋牌号系列

现行《混规》主要列出 300、400、500 MPa 级钢筋，暂保留准备逐步淘汰的 335 MPa 级带肋钢筋。上版《混规》的 235 MPa 级光圆钢筋被 300 MPa 级光圆钢筋取代，但在规范的过渡期及用于既有结构时，235 MPa 级光圆钢筋仍可继续使用。

【原表】

11G101－1 第 53 页，受拉钢筋锚固长度 l_a、抗震锚固长度 l_{aE} 取值表及注：

受拉钢筋锚固长度 l_a、抗震锚固长度 l_{aE}

非抗震	抗 震	注：
$l_a=\zeta_a l_{ab}$	$l_{aE}=\zeta_{aE} l_a$	1. l_a 不应小于 200 mm。 2. 锚固长度修正系数 ζ_a 按右表选用，当多于一项时，可按连乘计算，但不应小于 0.6。 3. ζ_{aE} 为抗震锚固长度修正系数，对一、二级抗震等级取 1.15，对三级抗震等级取 1.05，对四级抗震等级取 1.00。

注：1. HPB300 级钢筋末端应做 180° 弯钩，弯后平直段长度不应小于 3*d*，但作受压钢筋时可不做弯钩。

2. 当锚固钢筋的保护层厚度不大于 5*d* 时，锚固钢筋长度范围内应设置横向构造钢筋，其直径不应小于 *d*/4（*d* 为锚固钢筋的最大直径）；对梁、柱等构件间距不应大于 5*d*，对板、墙等构件间距不应大于 10*d*，且均不应大于 100 mm（*d* 为锚固钢筋的最小直径）。

【解读】

表中的锚固长度分非抗震与抗震两种，正如前一解读指出的 l_{ab} 为“基本锚固长度”，将 l_{ab} 与 ζ_a 相乘生成非抗震锚固长度 l_a、l_a 与 ζ_{aE} 相乘生成抗震锚固长度 l_{aE}。

关于注 1：“l_a 不应小于 200 mm”为现行《混规》第 8.3.1 条的新规定，与上版《混规》第 9.3.1 条规定 l_a 不应小于 250 mm 的规定相比有所放宽。

关于注 2：受拉钢筋锚固长度修正系数 ζ_a，按下表取值（11G101－1 第 53 页）。

受拉钢筋锚固长度修正系数 ζ_a

锚固条件		ζ_a	
带肋钢筋的公称直径大于 25		1.10	—
环氧树脂涂层带肋钢筋		1.25	
施工过程中易受扰动的钢筋		1.10	
锚固区保护层厚度	3*d*	0.80	注：中间时按内插值。*d* 为锚固钢筋直径。
	5*d*	0.70	

表中数值依据为现行《混规》第 8.3.1 条，与上版《混规》相比较，前三项系数没有变化，第四项系数有变化。

规范规定的基本锚固长度是按单侧面的保护层厚度为钢筋直径的不利条件确定的，因此，当保护层厚度加大时，可以适当减小锚固长度。上版《混规》第 9.3.1 条的修正条款规定第 4 款：“……

钢筋在锚固区的混凝土保护层厚度大于钢筋直径的 3 倍且配有箍筋时，其锚固长度可乘以修正系数 0.8”，现行《混规》第 8.3.2 条在保留这一规定的同时，增加了“保护层厚度为 5*d* 时修正系数可取 0.70”。

钢筋与混凝土能够共同工作的要素之一，是混凝土对钢筋有粘结强度。粘结强度的大小与钢筋表面以外的混凝土厚度有关，混凝土越厚粘结强度越高，当混凝土厚度达到钢筋直径的 5 倍时，粘结强度最高。因此，当保护层厚度达 5*d* 时，锚固长度修正系数 ζ_a 可取 0.7。

但应注意，保护层混凝土厚度继续加大超过 5*d* 时，粘结强度不再提高，锚固长度修正系数 ζ_a 最低取 0.7。

施工过程中采用滑模整体易受扰动，故应加大锚固长度。其他局部易受扰动的情况，需要施工工程师根据现场具体情况判定。

钢筋混凝土结构常用钢筋直径多数不大于 25 mm，通常情况下的锚固长度不需要修正，即修正系数 ζ_a =1，因此，受拉钢筋基本锚固长度 l_{ab} 在多数情况下实际为不需修正的锚固长度 l_a。

关于注 3：受拉钢筋抗震锚固长度修正系数 ζ_{aE}，根据抗震等级的不同有不同取值。应注意，设防烈度与抗震等级的概念不同，同一设防烈度的结构，将因结构类型、结构高度、结构部位等不同，其抗震等级亦不同，即构成同一设防烈度结构的不同构件的修正系数 ζ_{aE} 可以有不同，例如剪力墙结构的底部或顶部加强部位，通常比一般部位的抗震等级高一级，等等。

关于对框架梁柱节点，现行《规范》规定非抗震锚固长度 l_a 与抗震锚固长度 l_{aE} 限定用于受拉纵筋的直线锚固形式，但不用于弯钩锚固形式；而基本锚固长度 l_{ab} 与锚长计算参数 l_{abE} 限定用于计算弯钩锚固水平段锚长，如非抗震取基本锚固长度 l_{ab} 的 0.4 倍、抗震取锚长计算参数 l_{abE} 的 0.4 倍。

现行规范关于梁柱节点采用弯钩锚固形式时的这一规定，对于非抗震，相当于允许当钢筋直径大于 25 mm，或为环氧树脂涂层带肋钢筋，或在施工过程易受扰动时，对弯钩锚固水平段锚长既不考虑加大锚固长度，也不考虑锚固区保护层厚度增大时减小锚固长度，即锚固长度修正系数 ζ_a 与弯钩锚固无关；但抗震锚长计算参数 l_{abE} 却与抗震锚固长度系数 ζ_{aE} 有关，这种形式上的不一致，将隐性加大理解和记忆上的困难。

逻辑本属科学范畴而非哲学范畴，在制定科技参数代号及赋予相应定义时，如能使其符合科学的形式逻辑，可有效防止简单概念复杂化现象。

【原表】

11G101－1 第 54 页，混凝土结构的环境类别。

混凝土结构的环境类别

环境类别	条件
一	室内干燥环境； 无侵蚀性静水浸没环境
二a	室内潮湿环境； 非严寒和非寒冷地区的露天环境； 非严寒和非寒冷地区与无侵蚀性的水或土壤直接接触的环境； 严寒和寒冷地区的冰冻线以下与无侵蚀性的水或土壤直接接触的环境
二b	干湿交替环境； 水位频繁变动环境； 严寒和寒冷地区的露天环境； 严寒和寒冷地区冰冻线以上与无侵蚀性的水或土壤直接接触的环境
三a	严寒和寒冷地区冬季水位变动区环境； 受除冰盐影响环境； 海风环境
三b	盐渍土环境； 受除冰盐作用环境； 海岸环境
四	海水环境
五	受人为或自然的侵蚀性物质影响的环境

注：1. 室内潮湿环境是指构件表面经常处于结露或湿润状态的环境。
2. 严寒和寒冷地区的划分应符合现行国家标准《民用建筑热工设计规范》GB 50176的有关规定。
3. 海岸环境和海风环境宜根据当地情况，考虑主导风向及结构所处迎风、背风部位等因素的影响， 由调查研究和工程经验确定。
4. 受除冰盐影响环境是指受到除冰盐盐雾影响的环境；受除冰盐作用环境是指被除冰盐溶液溅射的环境以及使用除冰盐地区的洗车房、停车楼等建筑。
5. 暴露的环境是指混凝土结构表面所处的环境。

【解读】

该表及表后注取自现行《混规》第 3.5.2 条的表 3.5.2，相对于上版《混规》，细化了二 a、二 b、三类环境的条件，增加了三 b 环境类别，增加了 5 款表注。

在设计与施工中，需要根据混凝土结构构件所处环境类别，确定混凝土保护层最小厚度，并在确定保护层最小厚度时注意理解表注“5. 暴露的环境是指混凝土结构表面所处的环境。”

【原表】

11G101－1 第 54 页，混凝土保护层的最小厚度（ mm）。

混凝土保护层的最小厚度(mm)

环境类别	板、墙	梁、柱
一	15	20
二a	20	25
二b	25	35
三a	30	40
三b	40	50

注：1. 表中混凝土保护层厚度指最外层钢筋外边缘至混凝土表面的距离，适用于设计使用年限为50年的混凝土结构。
2. 构件中受力钢筋的保护层厚度不应小于钢筋的公称直径。
3. 设计使用年限为100年的混凝土结构，一类环境中，最外层钢筋的保护层厚度不应小于表中数值的1.4倍；二、三类环境中，应采取专门的有效措施。
4. 混凝土强度等级不大于C25时，表中保护层厚度数值应增加5。
5. 基础底面钢筋的保护层厚度，有混凝土垫层时应从垫层顶面算起，且不应小于40mm。

【解读】

该表及表注取自现行《混规》第 8.2.1 条。度量混凝土保护层最小厚度的起始位置，上版《混规》系从受力纵筋表面起度量，现行《混规》改为从最外层钢筋表面向混凝土表面度量。改变最小厚度度量的起始位置，将连带混凝土构件的正截面受弯、偏心受压设计计算时截面有效计算高度的取值作相应调整，同时钢筋算量公式也应作相应调整。

【原图】

11G101－1 第 54 页，纵向受力钢筋搭接区箍筋构造：

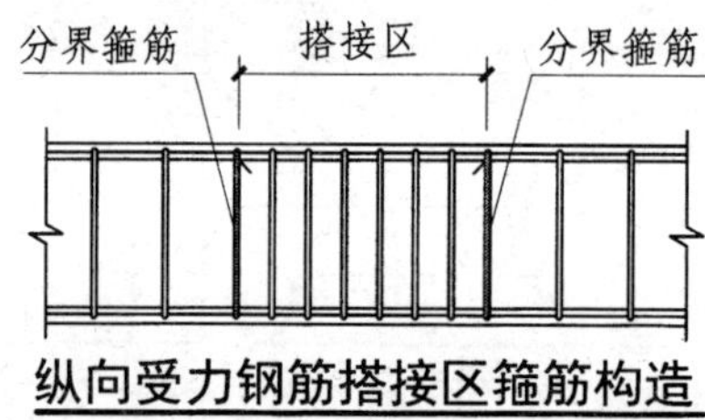

纵向受力钢筋搭接区箍筋构造

注：1. 本图用于梁、柱类构件搭接区箍筋设置。
2. 搭接区内箍筋直径不小于 $d/4$（d为搭接钢筋最大直径），间距不应大于100mm及$5d$（d为搭接钢筋最小直径）。
3. 当受压钢筋直径大于25mm时，尚应在搭接接头两个端面外100mm的范围内各设置两道箍筋。

【解读】

该图依据为现行《混规》第 8.4.6 条“在梁、柱类构件的纵向钢筋搭接长度范围内的横向构造钢筋应符合本规范第 8.3.1 条的要求；当受压钢筋直径大于 25 mm 时，尚应在搭接接头两个端面外 100 mm 的范围内各设置两道箍筋。” 现行《混规》第 8.3.1 条：“3 当锚固钢筋的保护层厚度不大于 $5d$ 时，锚固长度范围内应配置横向构造钢筋，其直径不应小于 $d/4$；对梁、柱、斜撑等构件间距不应大于 $5d$”。

钢筋搭接传力的实质，是混凝土分别对两根钢筋搭接端部的粘结锚固，搭接钢筋不是通过并行接触而是通过混凝土进行传力。横向钢筋可以提高混凝土对纵向钢筋的粘结强度，在纵向钢筋搭接长度范围加密横向构造钢筋，为充分利用这一特性以获得更好的搭接传力效果。

柱类构件的钢筋搭接，通常围绕构件周边分布（所谓 “隔一搭一”），故该图适合柱类构件钢筋搭接区的箍筋加密。但梁类构件的钢筋搭接或在梁上部，或在梁下部单侧部位发生，在正常配置的受力箍筋之间增加一道横向构造箍筋，没有必要采用封闭箍筋形式，采用“∩”形开口箍且两竖向肢的长度为钩住第二道梁侧面纵筋，即可满足在纵筋搭接范围内加密横向构造钢筋的受力需求。因此，以科学用钢概念分析，该图不适用于梁类构件。

【原图】

11G101－1 第 55 页，纵向钢筋弯钩与机械锚固形式：

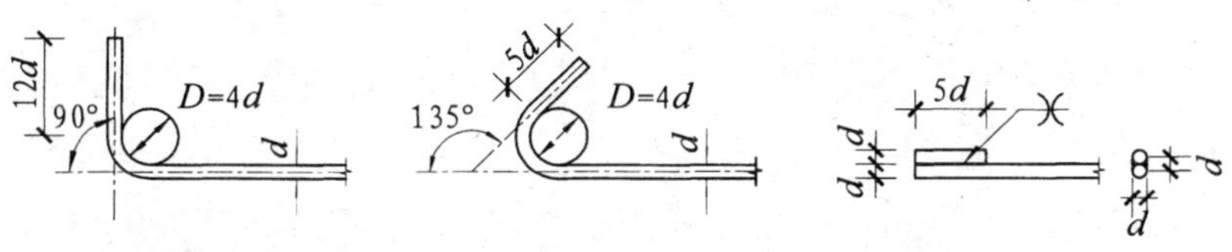

（a）末端带90°弯钩　（b）末端带135°弯钩　（c）末端一侧贴焊锚筋

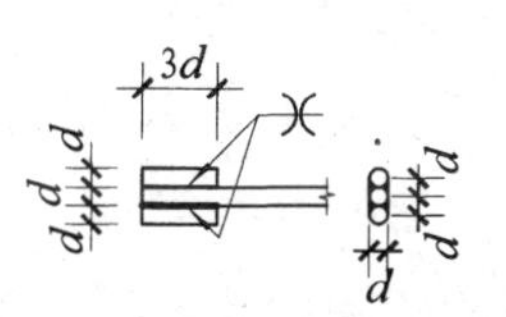

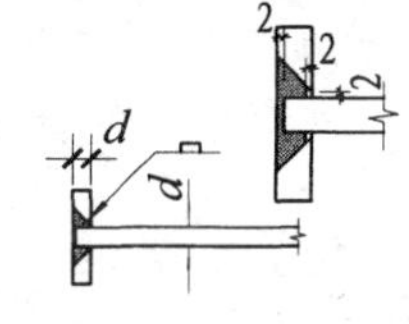

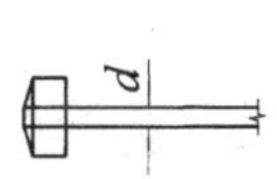

(d)末端两侧贴焊锚筋　（e）末端与钢板穿孔塞焊　（e）末端带螺栓锚头

纵向钢筋弯钩与机械锚固形式

注：1. 当纵向受拉普通钢筋末端采用弯钩或机械锚固措施时，包括弯钩或锚固端头在内的锚固长度（投影长度）可取为基本锚固长度的60%。

2. 焊缝和螺纹长度应满足承载力的要求；螺栓锚头的规格应符合相关标准的要求。

3. 螺栓锚头和焊接钢板的承压面积不应小于锚固钢筋截面积的4倍。

4. 螺栓锚头和焊接锚板的钢筋净距小于4 d时应考虑群锚效应的不利影响。

5. 截面角部的弯钩和一侧贴焊锚筋的布筋方向宜向截面内侧偏置。

6. 受压钢筋不应采用末端弯钩和一侧贴焊的锚固形式。

【解读】

该图依据为现行《混规》第 8.3.3 条，其中图注 6 依据为现行《混规》第 8.3.4 条。

现行《混规》将弯钩锚固与机械锚固明确为不同的锚固形式(修改了上版《规范》将两种形式统称为机械锚固的定义)，与美国规范的定义趋同。

端部焊接钢板的机械锚固形式，可有多种焊接方式均能满足锚板的受力要求。图(c)为锚板开锥形孔塞焊，锥形孔需要车床或铣床进行机械加工成型，显然不如采用直孔型塞焊更方便施工。

机械锚固能够满足锚固受力的强度要求，但不容易满足刚度要求。试验证明，当机械锚固足强度受力时（即锚固钢筋达到屈服强度）会引起较大滑移和支座裂缝，为此，需要保持一定的锚固长度控制锚固裂缝和变形，满足锚固刚度要求；同时由锚固长度范围的粘结力与端头机械力的组合作用满足锚固强度要求。上版《规范》第 9.3.2 条规定，受拉钢筋采用机械锚固时，包括附加锚固端头在内可取锚固长度的 0.7 倍，现行《规范》将机械锚固长度放宽到采用基本锚固长度的 0.6 倍。

应当注意，无论何种锚固形式，均应满足现行《规范》第 8.3.1 条第 3 款规定：“当锚固钢筋的保护层厚度不大于 5d 时，锚固钢筋长度范围内应配置横向构造钢筋，其直径不应小于 d/4；对梁、柱、斜撑等构件间距不应大于 5d，对板、墙等构件间距不应大于 10d，且均不应大于 100 mm，此处 d 为锚固钢筋的直径。”

当弯钩锚固或一侧贴焊机械锚固钢筋受压时，由于偏心受力而导致混凝土容易被挤碎、鼓出，因此，规范规定“受压钢筋不应采用末端弯钩和一侧贴焊的锚固措施”。直线锚固和对称锚固端头的机械锚固方式可用于受压钢筋锚固。

【原表】

11G101－1 第 55 页，纵向受拉钢筋绑扎搭接长度 l_l、l_{lE} 和搭接长度修正系数 ζ_l 见下表。

纵向受拉钢筋绑扎搭接长度 l_l、l_{lE}				注：
抗　震	非 抗 震			1. 当直径不同的钢筋搭接时，l_l、l_{lE} 按直径较小的钢筋计算。
$l_{lE}=\zeta_l l_{aE}$	$l_l=\zeta_l l_a$			2. 任何情况下不应小于 300 mm。
纵向受拉钢筋搭接长度修正系数 ζ_l				3. 式中 ζ_l 为纵向受拉钢筋搭接长度修正系数。当纵向钢筋搭接接头百分率为表的中间值时，可按内插取值。
纵向钢筋搭接接头面积百分率（%）	≤25	50	100	
ζ_l	1.2	1.4	1.6	

【解读】

该表依据现行《混规》编制，其中，非抗震依据为第 8.4.4 条，抗震依据为第 11.1.7 条。

搭接长度的计算与锚固长度直接相关，纵向受拉钢筋的搭接，无论抗震或非抗震均采用同一搭接长度修正系数 ζ_l 乘以相应的锚固长度。应注意，当构造设计中某搭接部位标注为锚固长度的一定倍数时，如在柱变截面位置上柱与下柱钢筋的非接触搭接长度标注为 $1.2l_{aE}$，则不再考虑搭接接头百分比，即当标注为 l_l 或 l_{lE} 时才依据搭接接头百分比确定搭接长度修正系数 ζ_l。

直径不同的钢筋搭接时，直径较小的钢筋经搭接后为“足强度”受拉，而直径较大的钢筋在搭接范围为“非足强度”受拉，因此，搭接长度按直径较小的钢筋计算，即能够满足受力需要。

钢筋搭接传力的实质，是搭接钢筋分别在混凝土中粘结锚固，通过混凝土介质传力。上版《混规》规定在任何情况下的锚固长度不应小于 250 mm（第 9.3.1 条）、搭接长度“不应小于 300 mm”，由于搭接长度修正系数最低为锚固长度的 1.2 倍（第 9.4.3 条），最小锚固长度与最小修正系数相乘，得出最小搭接长度恰好为 300 mm。现行《混规》将锚固长度 l_a 放宽为不应小于 200 mm，而搭接长度修正系数最低仍为锚固长度的 1.2 倍，二者相乘却得不出最小搭接长度为 300 mm 的结果。尚不知此状况是否为顾此失彼的结果。

与欧美规范相比，我国的搭接长度偏长且限定搭接应“在受力较小处”，原因可能是欧美采用保持钢筋净距的“非接触搭接”（欧洲规范亦翻译为“邻近搭接”），而我国施工传统习惯采用“接触搭接”。

如前所述，搭接连接的实质为搭接钢筋分别在混凝土中的粘结锚固，显然，只有保持钢筋净距，混凝土才能完全包裹住钢筋，才能产生较高的粘结强度。采用“接触搭接”时，不仅粘结强度不足，而且沿接触缝隙走向易出现劈裂破坏，即粘结刚度也打折扣，故此绑扎搭接只能无奈地用于受力较小处非足强度受力的钢筋连接。

【原图】

11G101－1 第 55 页，同一连接区段纵向受拉钢筋连接定义：

同一连接区段内纵向受拉钢筋绑扎搭接接头

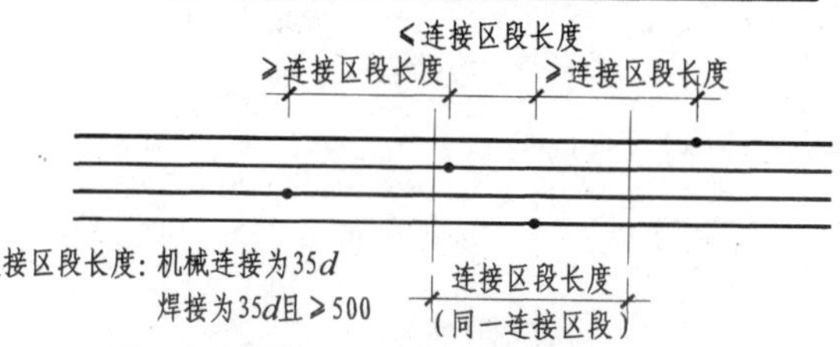

同一连接区段内纵向受拉钢筋机械连接、焊接接头

注：1. d为相互连接两根钢筋中较小直径；当同一构件内不同连接钢筋计算连接区段长度不同时取大值。
2. 凡接头中点位于连接区段长度内连接接头均属同一连接区段。
3. 同一连接区段内纵向钢筋搭接接头面积百分率，为该区段内有连接接头的纵向受力钢筋截面面积与全部纵向钢筋截面面积的比值（当直径相同时，图示钢筋连接接头面积百分率为50%）。
4. 当受拉钢筋直径＞25mm及受压钢筋直径＞28mm时，不宜采用绑扎搭接。
5. 轴心受拉及小偏心受拉构件中纵向受力钢筋不应采用绑扎搭接。
6. 纵向受力钢筋连接位置宜避开梁端、柱端箍筋加密区。如必须在此连接时，应采用机械连接或焊接。
7. 机械连接和焊接接头的类型及质量应符合国家现行有关标准的规定。
8. 梁、柱类构件的纵向受力筋绑扎搭接区域内箍筋设置要求见本图集第54页。

【解读】

同一连接区段纵向受拉钢筋绑扎搭接接头图示来源为现行《混规》第 8.4.3 条（图 8.4.3），机械连接接头示意图示依据为第 8.4.7 条、焊接接头图示依据为第 8.4.8 条。

关于注 1：后半句“当同一构件内不同连接钢筋计算连接区段长度不同时取大值”的依据不详。如果该说法成立，前提应为同一构件中有三档钢筋进行搭接连接，而且恰好挨肩两两组合，此时出现两种搭接长度 l_l，各乘以 1.3 会出现不同的连接区段长度。应当指出，这种情况在实际设计中几乎不存在。因在同一构件中配置不同直径钢筋时，直径差最多为两档（超过两档时因钢筋表面积与截面面积比值的梯度差过大则受力不合理），钢筋配置取三连档不同直径，且恰好为挨肩两两搭接的概率非常低，设计工程师不会去找这样的麻烦。此外，注 1 的后半句可能会误导直径不同钢筋搭接误以较大直径计算搭接长度，造成不必要的浪费。

关于注 2、注 3：“凡搭接接头中点位于该连接长度区段内的搭接接头均属于连接区段” 为现行《混规》第 8.4.3 条原文，应注意理解“接头中点位于区段内”而不是“接头中点位于区段内的‘中点’”，示意图中将接头中点标注为同一连接区段中点（0.65 l_l 中分）是不符合规范的。

欧洲规范 EN 1992-1-1：2004 中有将搭接接头中点标注为同

一连接区段中点（0.65 l_l 中分）的图示，但其表达的概念中包括截断钢筋端头位于连接区段中点的内容（下图纵筋Ⅲ，图中 l_0 为搭接长度），而我国规范中关于同一连接区段纵向受拉钢筋连接定义尚未涉及此概念，故不可随意复制。

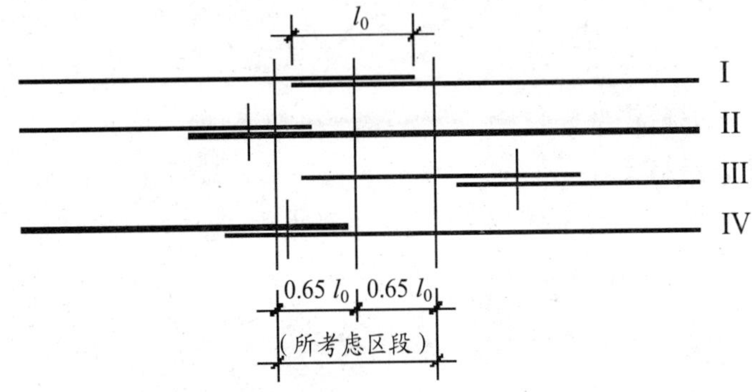

欧洲规范 EN 1992-1-1：2004 钢筋搭接区段示意

（钢筋 I 与 IV 在所考虑区段内，其搭接率为 50%）

关于注 4：现行《混规》规定“钢筋采用绑扎搭接时，受拉钢筋直径不宜大于 25 mm，受压钢筋直径不宜大于 28 mm。”（第 8.4.2 条），与上版《混规》“当受拉钢筋的直径 d>28 mm 及受压钢筋的直径 d >32 mm 时，不宜采用绑扎搭接接头。”（第 9.4.2 条）相比，条件趋严；但规范用词“不宜”表示允许稍有选择。

关于注 5：现行《混规》规定“轴心受拉及小偏心受拉构件的纵向钢筋不得采用绑扎搭接”（第 8.4.2 条），由于施工方面不具备判定轴心或小偏心受拉的充分条件，故要求设计方应在施工图上明确注明何构件在何部位的何向钢筋不得采用绑扎搭接。

关于注 6：该款条文为现行《混规》第 11.1.7 条第 4 款的规定。“宜”避开的某部位，无法避开时“应”（表示严格的规范用词）采用机械连接或焊接，注意焊接时应采用可靠度较高的闪光对焊。

关于注 8：对梁、柱类构件的纵筋搭接范围加密箍筋，目的是提高混凝土对搭接钢筋的粘结强度从而获取更好的传力效果。应注意柱的搭接纵筋通常环截面周边分布，而梁的搭接纵筋通常仅在一个部位，因此，对梁、柱纵筋的搭接范围加密的箍筋，相应有所区别。具体参见本章对 11G101－1 第 54 页关于“纵向受力钢筋搭接区箍筋构造”的解读。

【原图】

11G101－1 第 56 页，封闭箍筋及拉筋弯钩构造：

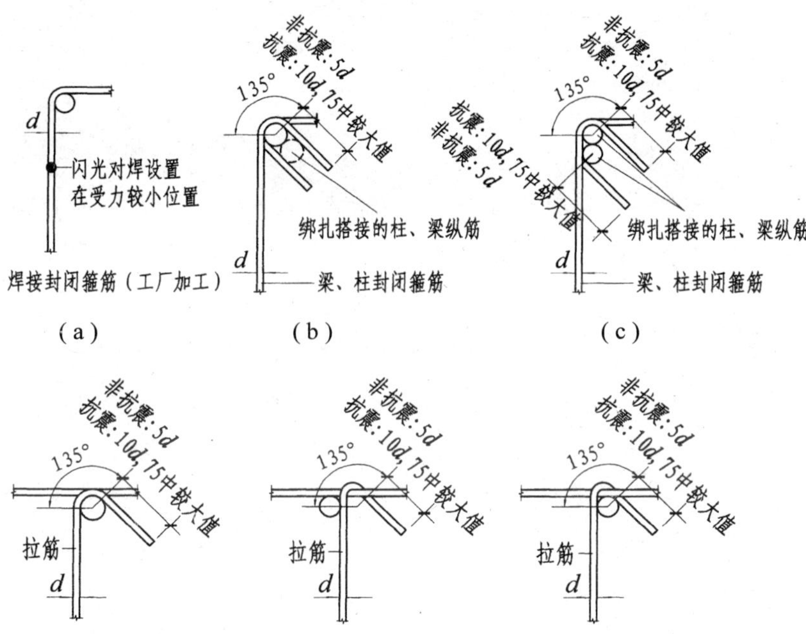

封闭箍筋及拉筋弯钩构造

注：非抗震设计时，当构件受扭或柱中全部受力钢筋的配筋率大于3%，箍筋及拉筋弯钩平直段长度应为10*d*。

【解读】

关于图（a）：工厂采用闪光对焊封闭箍筋时，对于柱箍筋，加工方不具备判定受力较小位置的充分条件；但对于梁箍筋，由于仅由竖向肢担负抗剪功能，故可明确梁箍筋的水平段为闪光对焊优先选择的受力较小位置，故图（a）的焊接点应画在横肢位置。

关于图（d）与（e）：应注意，拉筋跟单肢箍的定义不同。单肢箍的功能是抗剪，故单肢箍仅需钩住纵向（或横向）单向钢筋即可实现抗剪功能，通常单肢箍用于箍筋肢数为奇数的梁复合箍；拉筋既有单肢箍的抗剪功能，同时具有单肢箍不具备的功能——约束截面向外变形（当截面受压时有向外压胀扩张趋势），故拉筋既应钩住纵筋，也应钩住横向筋，即拉筋应钩住钢筋的交叉点。明确此概念，则知晓图（d）及（e）系不清楚拉筋与单肢箍不同定义所致。

关于图（f）：此图为符合拉筋定义的弯钩构造形式。

关于图注："非抗震设计时，当构件或柱中全部受力钢筋的配筋率大于3%，箍筋及拉筋弯钩平直段长度应为10*d*。"应增加"仅限于截面周边箍筋"的词句。

当箍筋抵抗剪力时，与力的方向平行的箍肢处在抗剪工作状态，而与力的方向垂直的箍肢不抗剪；当箍筋抵抗扭矩时，无论截面配置复合箍为多少肢，仅有环周边的一肢在抗扭，复合箍中部所有单肢箍或拉筋均与抗扭无关。例如，某梁截面配置了四肢箍，当抗剪时为四肢箍，当抗扭时仅周边单肢箍参与抗扭。

【原图】

11G101－1 第 56 页，梁上部及梁下部、柱纵筋间距要求：

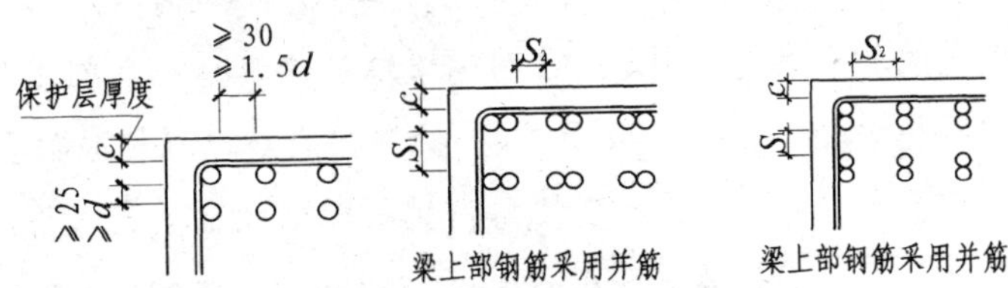

梁上部纵筋间距要求

d为钢筋最大直径

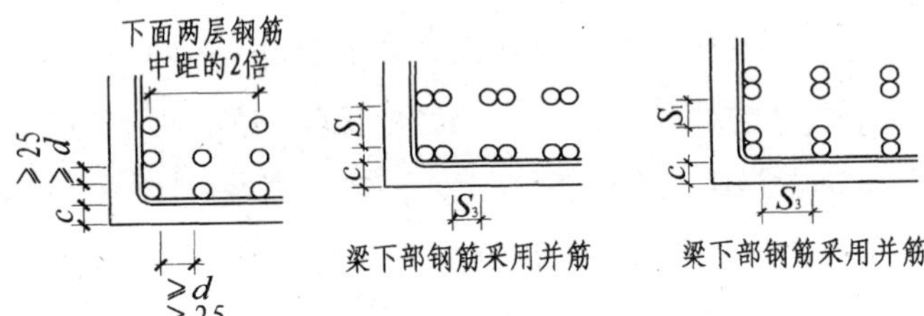

梁下部纵筋间距要求

d为钢筋最大直径

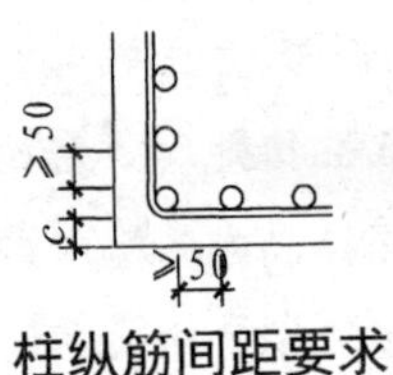

柱纵筋间距要求

梁并筋等效直径、最小净距表

单筋直径d(mm)	25	28	32
并筋根数	2	2	2
等效直径d_{eq}(mm)	35	39	45
层净距S_1 (mm)	35	39	45
上部钢筋净距S_2(mm)	53	59	68
下部钢筋净距S_3(mm)	35	39	45

注：1. 当采用本图未涉及的并筋形式时，由设计确定。

2. 本图中拉筋弯钩构造做法采用何种形式由设计指定。

3. 并筋等效直径的概念可用于本图集中钢筋间距、保护层厚度、钢筋锚固长度等的计算中。

4. 并筋连接接头宜按每根单筋错开，接头面积百分率应按同一连接区段内所有的单根钢筋计算。钢筋的搭接长度应按单筋分别计算。

5. 机械连接套筒的横向净间距不宜小于25mm。

【解读】

梁上部纵筋间距要求示意图的左图，以及梁下部纵筋间距要求示意图的左图的依据，为现行《混规》第 9.2.1 条第 3 款。

梁上部、下部纵筋间距要求示意图的中图和右图，为采用水平并筋或竖向并筋时的间距要求示意，对应的“梁并筋的等效直径、最小净距表”中的数值，系将两根并筋的截面面积之和等效为单根钢筋直径，仍按现行《混规》第 9.2.1 条第 3 款的间距要求假设以该等效直径单筋进行排布。

当大跨结构的梁截面相对较小，而纵筋配置较多时，国外常采用并筋措施来处理。我国若干研究单位已作过构件采用并筋的研究课题，试验表明采用并筋后，梁承载能力有所降低，并筋在支座的锚固效果有所降低，若干文献的结论是：梁并筋产生强度与刚度的损耗程度，尚在可接受范围。

现行《混规》第 9.2.1 条第 4 款仅简要提到“在梁的配筋密集区域宜采用并筋的配筋形式”。然而，并筋梁承载能力相对降低，将涉及受弯计算的修正；并筋的锚固效果相对降低，将涉及并筋锚固构造的修正；当为抗震设计时，要求钢筋直径不宜大于柱在该方向截面尺寸的1/2，若按直径25 mm钢筋并筋，则柱截面不能小于700 mm，即涉及柱截面限制条件的修正，等等。这些实际问题现行规范均未做规定，显然并筋用于设计的条件尚不充分。此外，并筋尚无节点锚固构造，将其列入平法技术规则并无实际意义。

【原图】

11G101－1第56页，螺旋箍筋构造：

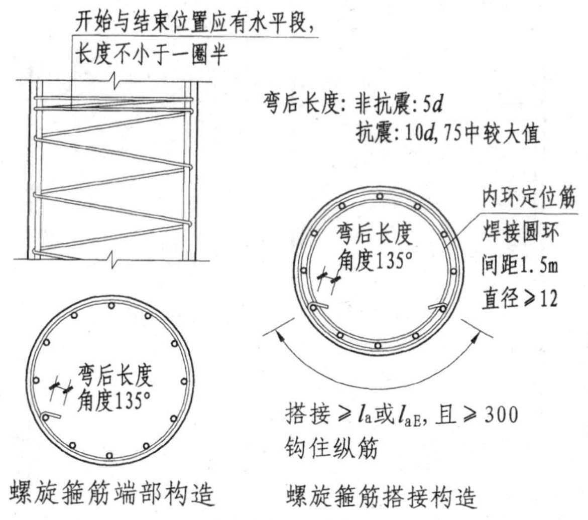

螺旋箍筋端部构造　　螺旋箍筋搭接构造

螺旋箍筋构造

（圆柱环状箍筋搭接构造同螺旋箍筋）

【解读】

该图的构造图形从03G101－1第40页、第64页的相应图形复制，并将抗震与非抗震两图合并为一图进行标注，且对图名下的图注有所改动。03G图名下的图注为“螺旋箍筋内的复合箍筋详具体设计”，11G将该图注改为“圆柱环状箍筋搭接构造同螺旋箍筋”。

圆柱仅设置螺旋箍筋或环形箍筋时，其抗剪能力与矩形截面的双肢箍相当；当为非抗震且楼房层数不多、框架柱承受横向剪力不大时，通常圆柱内部不配置复合箍亦可满足抗力需求；但当为抗震设计时，圆柱将承受地震作用产生的较高横向剪力，此时通常在圆柱内部需配置复合箍筋。

沿柱高每隔1.5 m左右设置的内环定位筋，通常焊接成圆环作内环，起辅助柱纵筋定位的作用。应注意纵筋应与内环绑扎定位，不得与其相焊接。柱纵筋在构件本体范围内，通常不得与横向钢筋焊接。

螺旋形或环形箍筋搭接长度跨过柱纵筋的根数取决于具体设计，图中所画为示意。

应注意，该图适用于钢筋混凝土圆柱。对于由钢筋混凝土外包型钢形成的劲性混凝土圆柱，由于抗压与抗剪承载力主要由型钢承担，外包钢筋混凝土的主要功能为提高框架柱的刚度，所以外包混凝土环状箍筋的搭接长度可适当减短，具体搭接长度应由设计注明。

第 4 章　框架柱构造解读

【原图】

11G101－1 第 57 页，抗震 KZ 纵向钢筋连接构造：

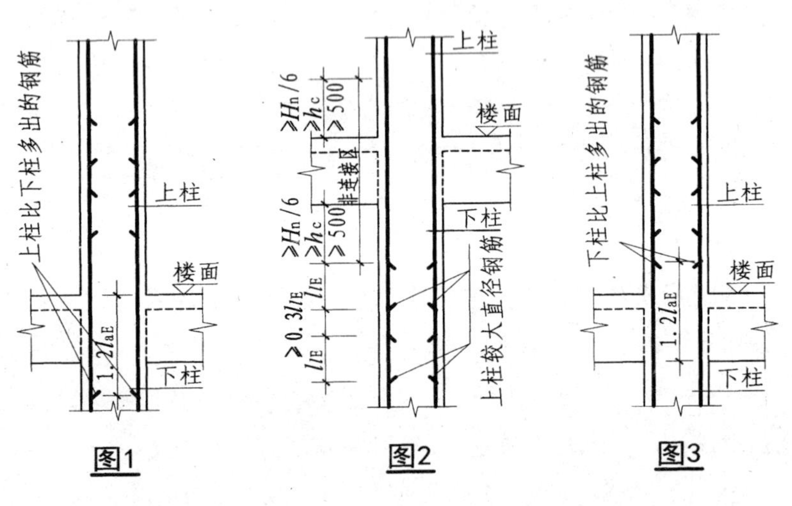

图1　图2　图3

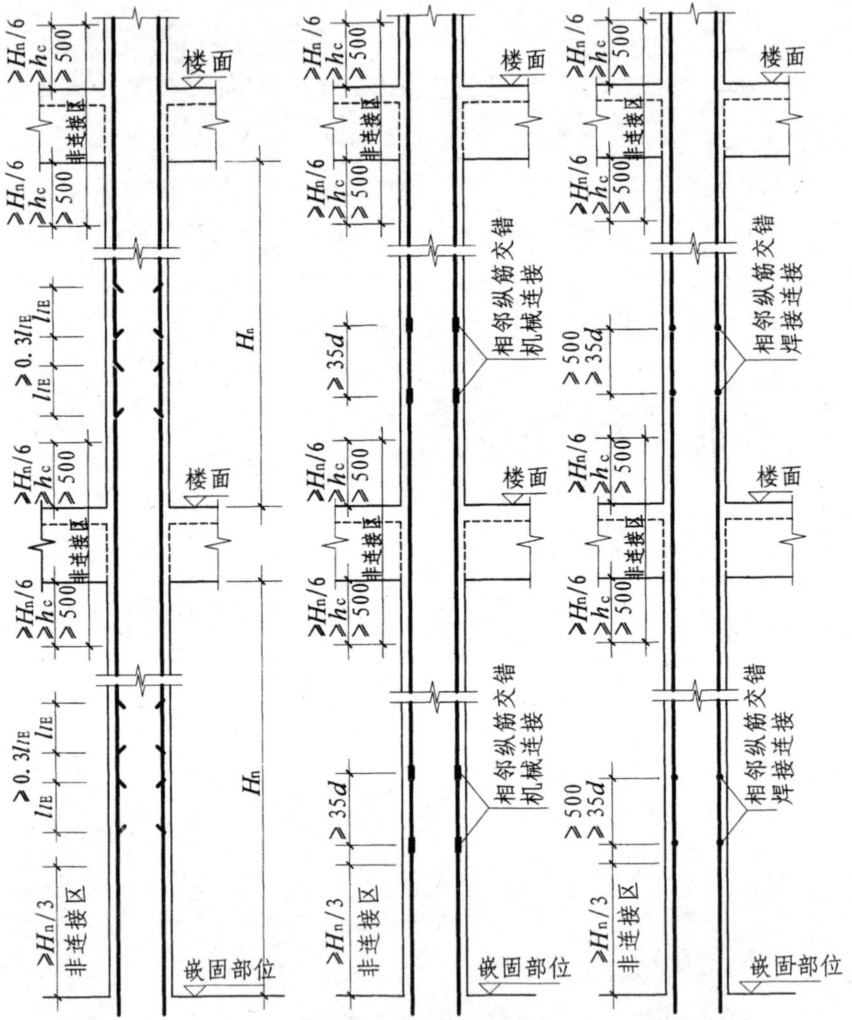

绑扎搭接　当某层连接区的高度小于纵筋分两批搭接所需要的高度时，应改用机械连接或焊接连接。

机械连接

焊接连接

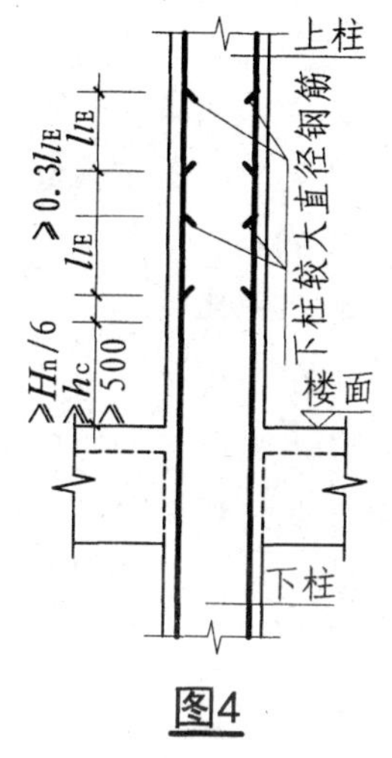

图4

注：1. 柱相邻纵向钢筋连接接头相互错开。在同一截面内钢筋接头面积百分率不宜大于50%。
2. 图中h_c为柱截面长边尺寸（圆柱为截面直径），H_n为所在楼层的柱净高。
3. 柱纵筋绑扎搭接长度及绑扎搭接、机械连接、焊接连接要求见本图集第55页。
4. 轴心受拉及小偏心受拉柱内的纵向钢筋不得采用绑扎搭接接头，设计者应在柱平法结构施工图中注明其平面位置及层数。
5. 上柱钢筋比下柱多时见图1，上柱钢筋直径比下柱钢筋直径大时见图2，下柱钢筋比上柱多时见图3，下柱钢筋直径比上柱钢筋直径大时见图4。图中为绑扎搭接，也可采用机械连接和焊接连接。
6. 当嵌固部位位于基础顶面以上时，嵌固部位以下地下室部分柱纵向钢筋连接构造见本图集第58页。

【解读】

该图图形系从03G101－1第36页复制，在尺寸注写上将原尺寸封闭标注方式（可变空间注写“≥0”）换为非封闭标注方式。按图学理论，封闭型标注比开放型标注严谨。解读如下：

关于绑扎搭接：该图图注“当某层连接区的高度小于纵筋分两批搭接所需要的高度时，应改用机械连接或焊接”有灵活掌握的空间。搭接长度的中点，近似相当于机械连接点或焊接点，在理论上，只要搭接长度的中点位于连接区之内，即可采用搭接连接。

关于机械连接：不同直径的纵筋可以采用机械连接，但应采用符合质量标准且可连接不同直径钢筋的连接件。应注意，不同直径的钢筋机械连接时，宜严格控制同一截面的钢筋接头百分率不大于50%。

关于焊接连接：通常不同直径相差小于两档的同牌号普通钢筋可以采用焊接连接，但应将较大直径的钢筋端部做减径处理，按1:6锥度过渡为较小直径。应注意，不同直径的钢筋焊接连接时，宜严格控制同一截面的钢筋接头百分率不大于50%。

关于图1：上柱比下柱多出的纵向钢筋多数情况不超过25%，将上柱多出的纵筋自梁柱节点上缘起向下延伸$1.2l_{aE}$，其定义为搭接连接而非锚固[1]，采用$1.2l_{aE}$能够满足搭接长度要求。

关于图2：上柱纵向钢筋根数与下柱相同但直径大于下柱时，上柱配置的纵向钢筋截面总面积大于下柱，以满足上柱（下端）弯矩大于下柱（上端）弯矩的抗力需求。此时不可采用纵筋直径上柱与下柱相同，或上柱小于下柱的常规连接构造，而应将上柱较大直径钢筋在下柱与较小直径钢筋相连接。图2所示两种不同直径的纵筋连接上移至连接区上端，搭接位置升高后钢筋用量比较经济。

当上柱纵筋需配置的截面面积大于下柱时，设计工程师通常采取增加上柱纵筋根数的处理措施，这样可方便施工连续采用相同的钢筋定长；当增加上柱纵筋根数需相应改变箍筋复合肢数（为满足柱纵筋“隔一拉一”构造要求），或若增加根数后纵筋排布过密时，设计者通常采取上下柱根数不变而将直径加大的处理方法，但这种

[1] 钢筋搭接连接的实质为粘结锚固，但梁柱节点是梁的支座而非柱的支座，对柱本身而言，无论上柱与下柱的钢筋如何变化，均定义为上柱与下柱钢筋的连接，而非上柱钢筋锚入下柱。以此定义，可避免模糊概念。

方法在施工实践中常出意外状况。

例如：下柱纵筋下料长度应比其下面一层的柱纵筋长，以便伸至柱上端与上柱向下延伸的较大直径纵筋连接，但有时因各层高相同致施工人员按“层高加搭接长度”的定长已完成下料，这批钢筋如不用将造成浪费，如采用则上柱较大直径的钢筋需向下延伸到连接区下端同样多用钢材。此时，可采用等强度等面积钢筋代换，将上柱较大直径代换为与下柱直径相同的钢筋（可能需要设计者配合出具设计变更），并将上柱比下柱多出的钢筋按图 1 处理。

关于图 3：将下柱比上柱多出的纵筋自梁柱节点下缘起向上延伸 1.2l_{aE}，其定义为搭接连接而非锚固，此定义跟图 1 所示处理措施所依据的概念相同，不再赘述。

关于图 4：该图为上柱钢筋直径小于下柱时的连接构造要求，其要求与绑扎搭接、机械连接、焊接连接三个主图并无任何不同。其实上、下层框架柱纵筋在楼面以上连接区连接，无论上柱与下柱纵筋直径相同还是上柱纵筋直径小于下柱，其连接构造部位完全相同，这是结构专业知识中的普通常识，故图 4 多余。

关于嵌固部位：“嵌固部位”，在抗震与非抗震设计上的概念有所不同。对于非抗震设计，“嵌固部位”位于基础顶面，通常不需要格外注明。对于抗震设计，“嵌固部位”可位于埋深较浅的基础顶面，或位于刚度较大的箱形基础顶面，或位于地上结构的首层地面（即地下室顶面），或位于基础结构一层地下室的地面（但位于地下二层地面的意义不大）。具体位于何部位，应根据实际受力状况，由设计者确定。

关于“结构的嵌固部位”的含义比较广泛，涉及抗震设计的术语为“结构计算嵌固端”。结构嵌固端与结构底层定义相关，但应注意抗震设计有两个底层定义，一个为“计算嵌固底层”，另一个为“构造加强底层”；两者可能为同一层，也可能不在同一层。例如，计算嵌固底层可为地下一层，但构造加强底层在任何时候都是指地上结构的首层[1]（GB 50010－2010 第 11.1.5、11.4.2、11.7.12~16）；即便嵌固部位定于地下一层地面，由于地震对底层柱的横向破坏作用相比地下室框架柱严重，故非连接区高度 $H_n/3$ 应为地上结构的底层柱下端。

纵筋非连接区 $H_n/3$ 为构造加强而非计算要求，故当“计算嵌固部位”定在地下一层地面时，可在地下一层增设 $H_n/3$ 高度非连接区（当室外地坪不低于一层地下室 2/3 高度时亦可不设）。此要求已在 08G101－5 审查会专家中取得共识，并获有关部门批准。11G101－1 的“嵌固部位”标注欠严谨，易误导施工将地面首层柱下端纵筋非连接区和箍筋加密区高度错按普通楼层的要求处理。

关于注 4：“轴心受拉及小偏心受拉柱内的纵向钢筋不得采用绑扎搭接接头”的词句有误。抗震设计的框架柱可能有小偏心受拉内力组合，但不可能出现轴心受拉状态。局部设置的吊杆可为轴心受拉，但其不是框架柱。

---

[1] 《混凝土结构设计规范》GB 50010—2010 第 11.4.2 条：“底层指无地下室的基础以上或地下室以上的首层。”

【原图】

11G101－1 第 58 页，地下室抗震 KZ 纵向钢筋连接构造与箍筋加密区范围：

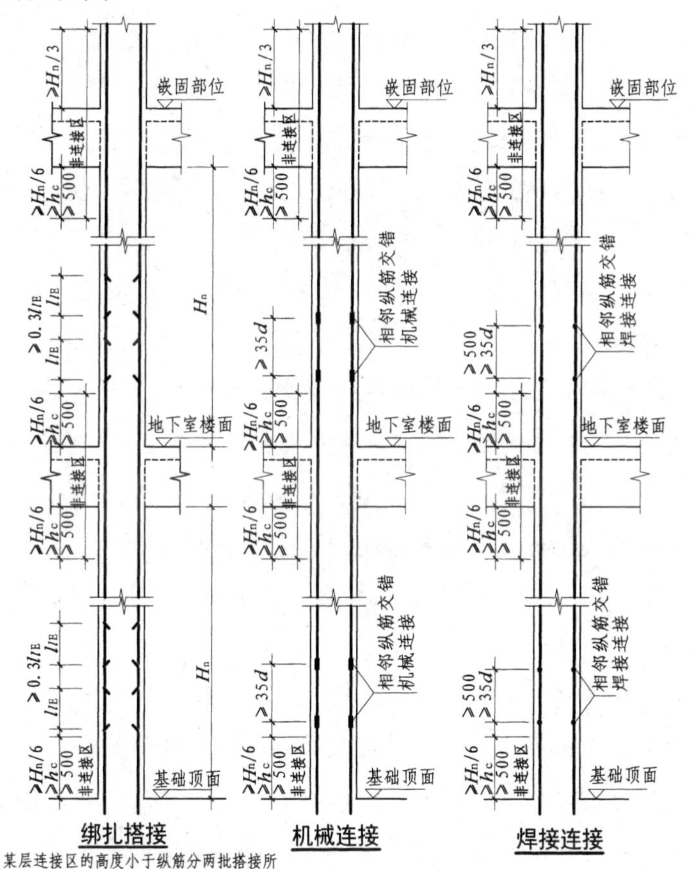

当某层连接区的高度小于纵筋分两批搭接所需要的高度时，应改用机械连接或焊接连接。

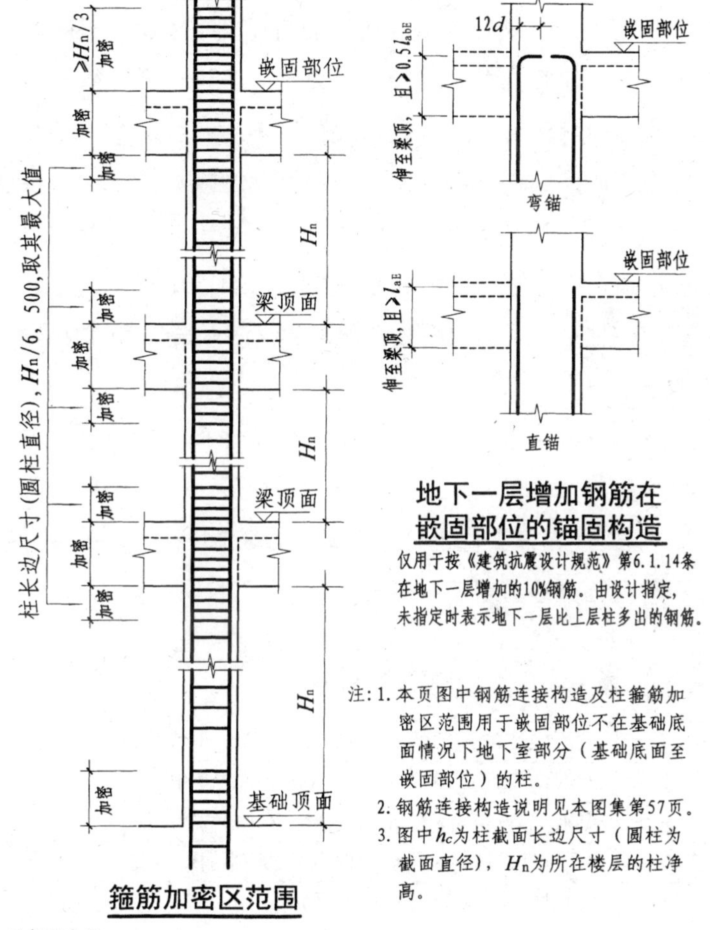

地下一层增加钢筋在嵌固部位的锚固构造

仅用于按《建筑抗震设计规范》第6.1.14条在地下一层增加的10%钢筋。由设计指定，未指定时表示地下一层比上层柱多出的钢筋。

注：1. 本页图中钢筋连接构造及柱箍筋加密区范围用于嵌固部位不在基础底面情况下地下室部分（基础底面至嵌固部位）的柱。

2. 钢筋连接构造说明见本图集第57页。

3. 图中h_c为柱截面长边尺寸（圆柱为截面直径），H_n为所在楼层的柱净高。

【解读】

关于绑扎搭接、机械连接、焊接连接：该三图的图形与 11G101

－1 第 57 页相同，仅柱下端非连接区高度“≥H_n/3”的标注位置及楼面标高文字注写上有区别。对该三图的解读详见对第 57 页同名图的解读，但对该图关于“嵌固部位”不规范标注需再解读。

首先需明确结构底层的定义，现行《混规》第 11.4.2 条规定：“一、二、三、四级抗震等级框架结构的底层，柱下端截面组合的弯矩设计值，应分别乘以增大系数 1.7、1.5、1.3 和 1.2。底层柱纵向钢筋应按柱上、下端的不利情况配置。注：底层指无地下室的基础或地下室以上的首层。”

底层柱在抗震设计中的重要性，在现行《混规》中的黑体字强制性条文和其他规定中多有体现，强制性规定第 11.4.12 条第 2 款：

“2 框架柱和框支柱上、下两端箍筋应加密，加密区的箍筋最大间距和箍筋最小直径应符合表 11.4.12-2 的规定：

表 11.4.12－2 柱端箍筋加密区的构造要求

抗震等级	箍筋最大间距(mm)	箍筋最小间距(mm)
一级	纵向钢筋直径的 6 倍和 100 中的较小值	10
二级	纵向钢筋直径的 8 倍和 100 中的较小值	8
三级	纵向钢筋直径的 8 倍和 150(柱根 100)中的较小值	8
四级	纵向钢筋直径的 8 倍和 150(柱根 100)中的较小值	6（柱根 8）

注：柱根系指底层柱下端的箍筋加密区范围。

《规范》强制性条文充分体现了底层柱的柱根位置的重要性。不仅对框架柱，《规范》关于剪力墙的强制性条文中也充分体现了底层剪力墙的重要性（将在下一章解读中阐述）。

关于底层柱根箍筋加密区高度，《规范》的规定亦严于其他部位，现行《混规》第 11.4.14 条规定：

“11.4.14 框架柱的箍筋加密区长度，应取柱截面长边尺寸（或圆形截面直径）、柱净高的 1/6 和 500 mm 中的最大值；一、二级抗震等级的角柱应沿柱全高加密箍筋，底层柱根加密区长度应取不小于该柱净高的 1/3；当有刚性地面时，除柱端箍筋加密区外尚应在刚性地面上、下各 500 mm 的高度范围内加密箍筋。”

按照《规范》规定，底层柱柱根箍筋加密区高度为柱净高的 1/3 是非常明确的，无论计算嵌固端取底层柱下端还是地下一层地面（或再向下），均不影响在地上首层框架柱根箍筋加密 1/3 柱净高（规范关于底层的定义非常明确，即当有地下室时，底层指地上首层；当无地下室时，底层指地上首层且向下延伸至基础顶面）。

相应地，现行《混规》第 11.1.7 条第 4 款规定：

“4 纵向受力钢筋连接的位置宜避开梁端、柱端箍筋加密区；如必须在此连接时，应采用机械连接或焊接。”

根据规范规定，底层柱的纵筋非连接区应从柱根往上 1/3 柱净高，但底层柱根并不一定是“嵌固部位”，故 11G101－1 第 57、58 页有误。标准设计必须准确反映规范要求，显然，深度理解规范并具有丰富的设计经验，是确保标准设计质量的充要条件。

关于地下一层增加钢筋在嵌固部位的锚固构造：该图及图注没有准确表达《规范》要求，可能导致误用。

《建筑抗震设计规范》GB 50011—2010（以下简称现行《抗规》）第 6.1.14 条规定（主要为该条第 3 款）：

"6.1.14 地下室顶板作为上部结构的嵌固部位时，应符合下列要求（第 1、2 款略）：

3 地下室顶板对应于地上框架柱的梁柱节点除应满足计算要求外，尚应符合下列规定之一：

1）地下一层柱截面每侧纵向钢筋不应小于地上一层柱对应纵向钢筋的 1.1 倍，且地下一层柱上端和节点左右梁端实配的抗震受弯承载力之和应大于地上一层柱下端实配的抗震受弯承载力的 1.3 倍；

2）地下一层梁刚度较大时，柱截面每侧的纵向钢筋面积应大于地上一层对应柱每侧纵向钢筋面积的 1.1 倍，同时梁端顶面和底面的纵向钢筋面积均应比计算增大 10%以上。"

由《规范》规定可知，地下一层柱每侧纵向钢筋相对地上一层又"不应小于"1.1 倍（即大于或等于）和"应大于"1.1 倍两种情况，故该图图注"增加的 10%钢筋"未包括大于 10%的情况，故欠严谨。此外，图注中"由设计指定"是指定何部位增加 10%钢筋，还是指定何处为"嵌固部位"易模糊。如系指定嵌固部位，易混淆现行《抗规》含义，因第 6.1.14 条规定的前提是"地下室顶板作为上部结构的嵌固部位时"地下一层柱纵筋才相应地上一层有大于或等于 1.1 倍的措施，当嵌固部位不在地下室顶板时，则不需采取此项措施。

关于箍筋加密区范围：此图与纵筋连接图相关联的问题，仍然是"嵌固部位"标注。

抗震设计必须考虑地震横向作用对主体结构的影响。当有地下室时，土层对地下室侧壁有很强的嵌固作用，地下室本身的侧向刚度通常高于地上结构，因此，即便嵌固部位确定位于地下一层地面，地震对地上首层的横向破坏作用最为突出。因此，按现行《混规》要求（仅在确定房屋抗震等级时底层才指计算嵌固端所在的层），任何情况下地上首层即底层柱的柱下端箍筋加密区均应为 $H_n/3$，第 58 页的箍筋加密范围，存在或然性失误。

关于靠山地下室框架柱根部箍筋加密高度问题：当房屋建筑在山区较陡坡地时，为充分利用地形，房屋正立面的底层（指地上结构首层）在背立面为地下室时，在抗震构造上应将两个立面叠加考虑。

【原图】

11G101—1 第 59 页，抗震 KZ 边柱和角柱柱顶纵向钢筋构造：

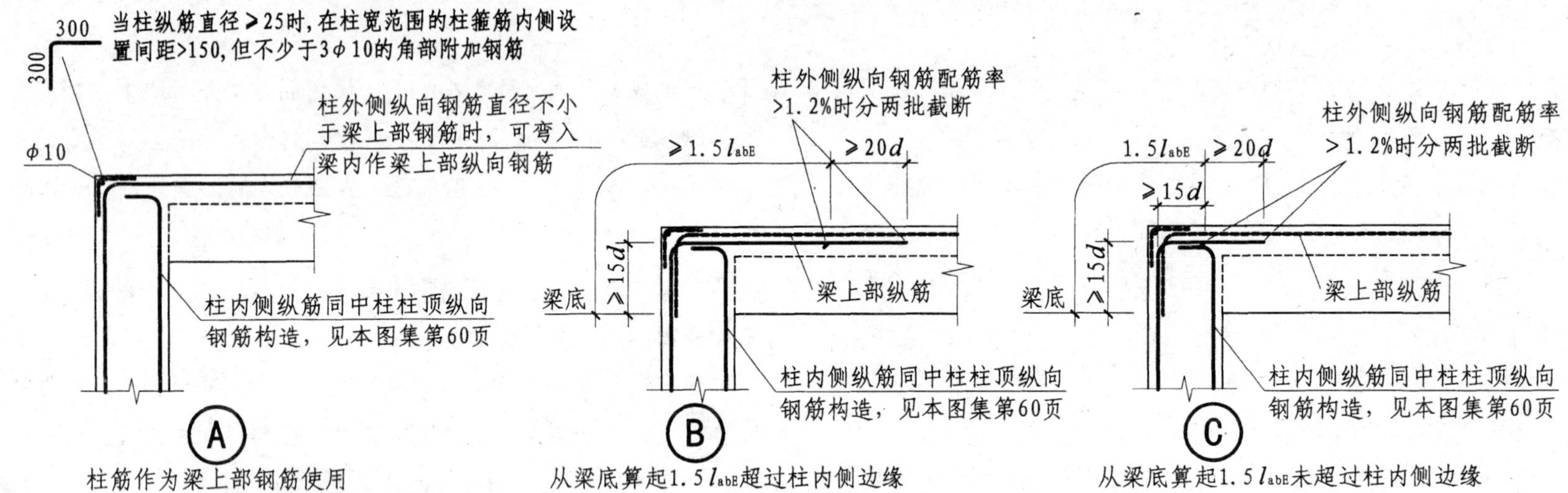

柱筋作为梁上部钢筋使用

从梁底算起1.5l_{abE}超过柱内侧边缘

从梁底算起1.5l_{abE}未超过柱内侧边缘

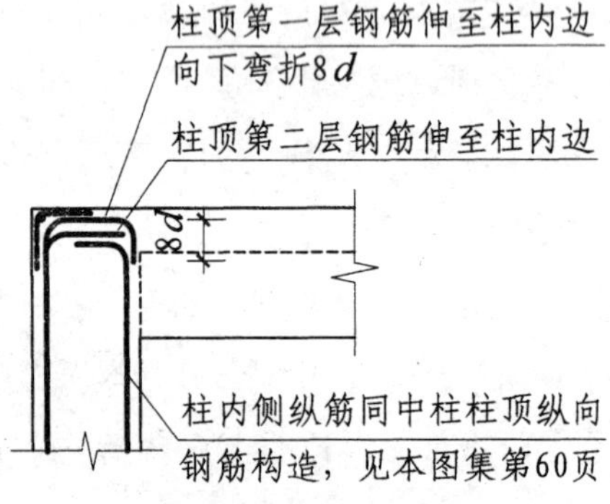

（用于Ⓑ或Ⓒ节点未伸入梁内的柱外侧钢筋锚固）

当现浇板厚度不小于100时，也可按Ⓑ节点方式伸入板内锚固，且伸入板内长度不宜小于15d

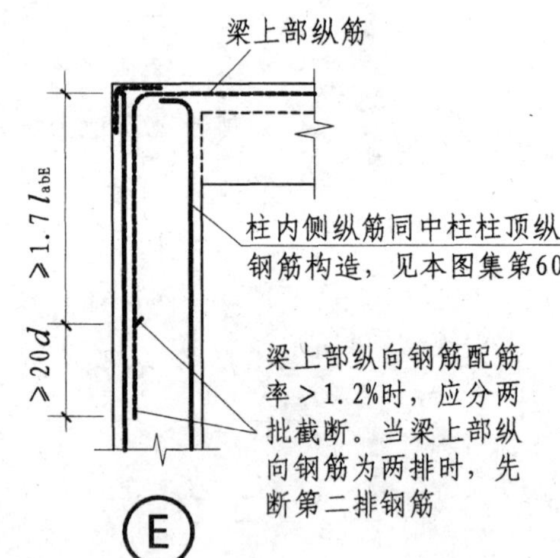

梁、柱纵向钢筋搭接接头沿节点外侧直线布置

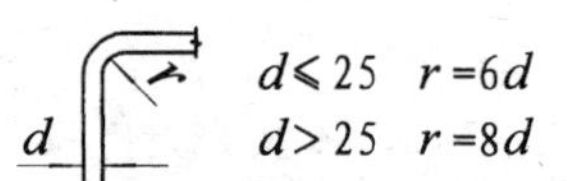

节点纵向钢筋弯折要求

注：1. 节点Ⓐ、Ⓑ、Ⓒ、Ⓓ应配合使用，节点Ⓓ不应单独使用（仅用于未伸入梁内的柱外侧纵筋锚固），伸入梁内的柱外侧纵筋不宜少于柱外侧全部纵筋面积的65%。可选择Ⓑ+Ⓓ或Ⓒ+Ⓓ或Ⓐ+Ⓑ+Ⓓ或Ⓐ+Ⓒ+Ⓓ的做法。
2. 节点Ⓔ用于梁、柱纵向钢筋接头沿节点柱顶外侧直线布置的情况，可与节点Ⓐ组合使用。

【解读】

关于图Ⓐ：混凝土结构的抗震设计，有“柱钢筋宜粗，梁钢筋宜细”的概念。在地震力作用下框架柱的破坏，通常是梁柱节点下方混凝土先被压碎，钢筋失去与混凝土共同承受压力条件后，无法单独承受超出钢筋强度的压力，结果纵筋被压屈挤成灯笼状，从而导致结构破坏。

抗震柱钢筋选择较粗直径，其自身刚度较高，有益于延缓结构破坏。抗震框架梁纵筋宜细，一方面可获得较大表面积以产生较高的粘结强度，对提高框架梁的刚度有利，另一方面抗震框架梁纵筋直径与柱截面边长不宜超过一定比例，《规范》要求其直径不大于钢筋同向柱截面边长的 1/20。当具备图 Ⓐ的条件，将直径大于梁支座上部纵筋的柱外侧纵筋弯入梁内时，应注意是否有超过柱截面边长 1/20 的情况。

关于图Ⓑ、图Ⓒ：两图均为抗震梁柱外侧纵筋自梁底起的弯折搭接方式，需解读的问题有：

1. 采用该方式的依据为，当梁柱外侧纵筋自梁底起弯折搭接不小于 1.5 倍锚固长度，当中震发生时，允许出现的塑性铰可在节点之外产生；当大震发生时，可做到节点不散（有利于实现“大震不倒”抗震水准）。由于该构造为弯折搭接方式而不是弯折锚固方式，所以两图对梁纵筋弯钩标注的≥15*d* 属于多余的非必要条件。梁上部纵筋锚入梁柱节点，弯钩长度 15*d* 并与锚固纵筋水平段的 $0.4l_{abE}$ 相配合的弯钩锚固规则，适用于楼层框架梁上部纵筋，屋面框架梁锚固纵筋在端节点的上部保护层不足 5*d*，不具备楼层梁柱节点提供的锚固条件。
2. 柱外侧纵向钢筋配筋率>1.2%时分两批截断，其原理为试验证明当一次截断的受力纵筋较多时，由于刚度突变幅度较高，可能会出现构造裂缝，分批截断可有效避免裂缝的产生。分两批截断有两种方式：一种为每批截断 50%；另一种为第一批截断≤1.2%（配筋率），余者第二批截断。显然第二种方式用钢比较科学。
3. 图 Ⓑ、图 Ⓒ为梁柱外侧纵筋自梁底起的弯折搭接方式，该方式以 l_{abE} 度量，部分打破了仅框架梁弯折锚固采用 l_{abE} 的格式，形式上有悖于科技规范应循的形式逻辑同一律。注意到《高层建筑混凝土结构技术规程》JGJ 3－2010 对同类型构造以锚固长度 l_{aE} 度量，混规与高规出现了矛盾。

关于图Ⓓ：通常情况柱比梁宽，柱角筋弯折后无法伸入梁内。该图图示并引注“柱顶第一层钢筋伸至柱内边向下弯折 8*d*”和“柱顶第二层钢筋伸至柱内边”，此图示与引注有误，问题原因，在于不清楚钢筋“层与排”定义的区别。

钢筋分排[1]的定义为：排与排之间保持一定净距的同向钢筋。例如：当杆状构件配置的同部位同向受力纵筋的根数较多，且按保持钢筋净距构造规定在一排不能容纳时，则排至第二排或更多排，且排与排之间必须保持钢筋净距。

钢筋分层的定义为：层与层相接触无净距的交叉钢筋。例如：双向板的 X 向与 Y 向底部或顶部配筋，两向钢筋各在自身钢筋层面相互交叉配置，两钢筋层面无净距。

图 Ⓓ所画的“柱顶第二层钢筋”，是边柱或角柱另一侧面柱纵筋的弯钩，在该视图只能看到点状钢筋截面，看不到弯钩。柱顶第一层钢筋伸至柱内边再向下弯钩 $8d$ 后，对接触交叉的下方第二层钢筋已形成有效约束，故此弯钩可以在柱边直接截断，无必要再向下弯钩。

关于图 Ⓔ：该图为抗震柱外侧纵筋伸至柱顶截断并与梁上部纵筋弯钩直线搭接方式，需解读的问题有：

1. 屋面框架梁上部纵筋弯折后与柱外侧纵筋直线搭接，当结构顶层抽柱，梁跨度较大、梁截面高度较高，且已满足 $1.7l_{abE}$ 直线搭接长度时，梁纵筋下端可能不到梁底。因只要满足 1.7 倍基本锚固长度的搭接长度，即能满足所设定的受力条件，故钢筋下端是否到达梁底不为约束条件。
2. 梁上部纵向钢筋配筋率>1.2%时分两批截断，可每批截断 50%，也可第一批截断≤1.2%（配筋率），余者第二批截断。
3. 梁上部纵筋为两排时配筋率>1.2%时，先截断哪一排并不影响构造效果。通常第二排配置根数较少，若按图注“先截断第二排钢筋”则多耗用钢材。
4. 该方式以 l_{abE} 度量直线搭接长度，部分打破了仅框架梁弯折锚固采用 l_{abE} 的格式，且与《高层建筑混凝土结构技术规程》JGJ 3－2010 对同类型构造以锚固长度 l_{aE} 的度量方式不一致。
5. 由于该直线搭接方式柱纵筋伸至柱顶截断，不存在以较大弯折半径弯钩后出现的素混凝土角区，因此，不需要在柱外上角设置角部附加钢筋。

关于图注：通常框架梁宽度小于柱截面宽度，图注 1 要求伸入梁内的柱外侧纵筋不宜少于柱外侧全部纵筋面积的 65%，当柱外侧纵筋配置 4 或 5 根时只能有 2 或 3 根伸入梁内，均无法满足 65%，只有配置不少于 6 根时才可满足此规定，显然规定脱离实际。

【原图】

11G101－1 第 60 页，抗震 KZ 中柱柱顶纵向钢筋构造，抗震 KZ 柱变截面位置纵向钢筋构造：

[1] 节点构造中许多难度较高问题与钢筋交叉分层相关，例如锚固纵筋伸入等宽度支座与同层面节点主体钢筋冲突，需分层解决等；在分析钢筋构造问题时，明确钢筋分层与分排定义，易准确表意。

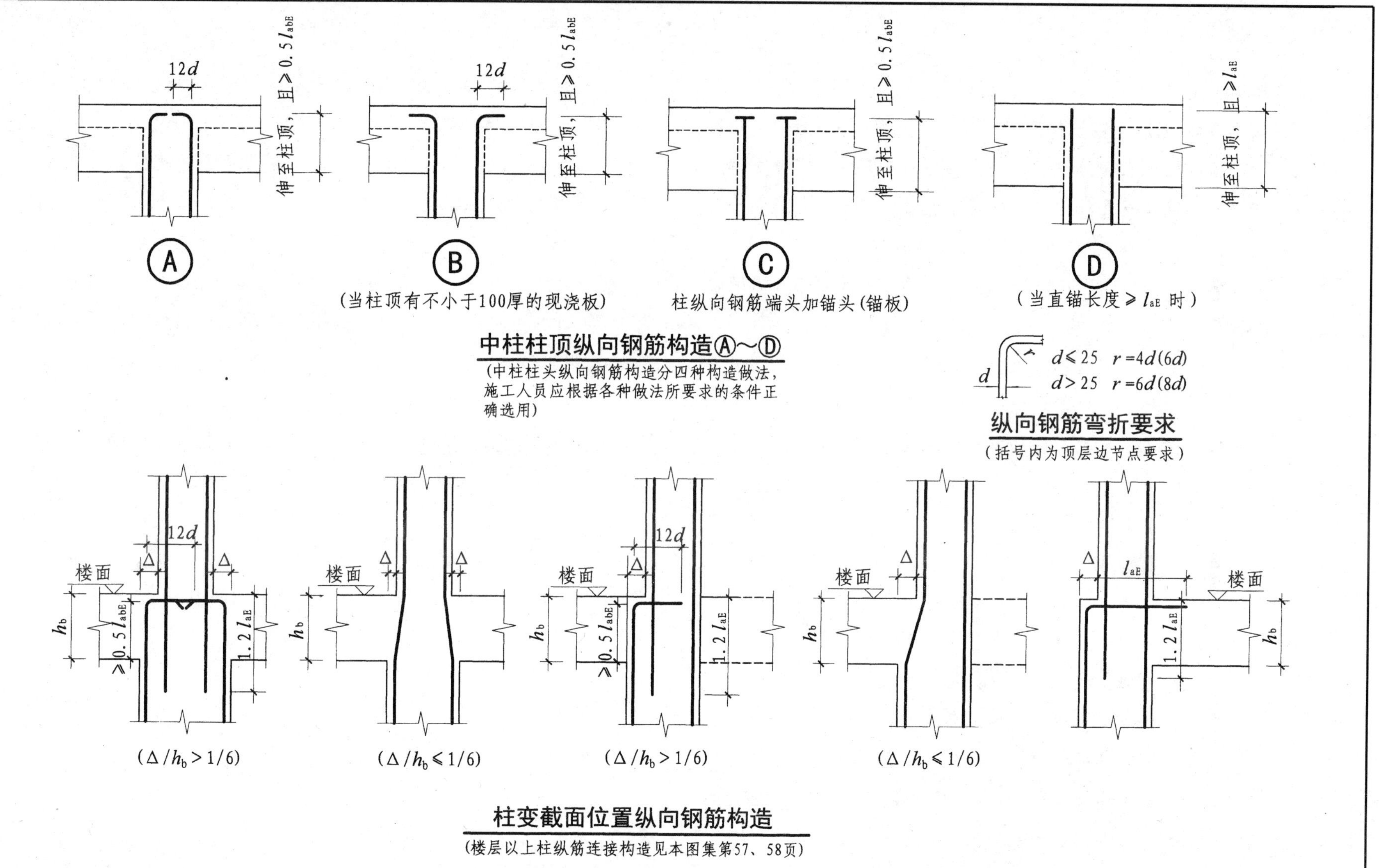

12d
伸至柱顶，且≥0.5l_{abE}
A
B
(当柱顶有不小于100厚的现浇板)
C
柱纵向钢筋端头加锚头(锚板)
伸至柱顶，且≥l_{aE}
D
(当直锚长度≥l_{aE}时)
中柱柱顶纵向钢筋构造Ⓐ~Ⓓ
(中柱柱头纵向钢筋构造分四种构造做法，施工人员应根据各种做法所要求的条件正确选用)
d
$d\leqslant25$ $r=4d(6d)$
$d>25$ $r=6d(8d)$
纵向钢筋弯折要求
(括号内为顶层边节点要求)
楼面
Δ
h_b
≥0.5l_{abE}
1.2l_{aE}
l_{aE}
(Δ/h_b>1/6)
(Δ/$h_b\leqslant$1/6)
(Δ/h_b>1/6)
(Δ/$h_b\leqslant$1/6)
柱变截面位置纵向钢筋构造
(楼层以上柱纵筋连接构造见本图集第57、58页)

【解读】

关于中柱柱顶纵向钢筋构造 Ⓐ~Ⓓ：该图的 Ⓒ图为柱纵向钢筋柱顶端头加锚头（锚板）构造，当采用锚板时，宜在锚板上钻留排气小孔，当浇筑混凝土时方便锚筋与锚板形成的倒直角空间的空气从排气孔挤净，浇筑密实的混凝土可有效承载锚板施加的压力。

关于柱变截面位置纵向钢筋构造：该图包括五种图示，需解读的问题有：

1. 五种图示表达的内容分两种类型。一种类型是柱截面减小值与梁截面高度的比值$\Delta/h_b \leqslant 1/6$，此时柱纵筋采用微弯折后向上柱延伸方式；再一种类型是柱截面减小值与梁截面高度的比值$\Delta/h_b > 1/6$，此时上柱与下柱纵筋采用在梁柱节点搭接连接 $1.2l_{aE}$ 方式。
2. 上柱与下柱纵筋在梁柱节点的搭接连接方式，不仅适合$\Delta/h_b > 1/6$ 的情况，而且同样适合$\Delta/h_b \leqslant 1/6$ 的情况，该方式的适用范围较广。
3. 框架柱与框架梁的关系，总是柱支承梁。在梁柱节点，柱为节点主体，梁为节点客体；节点客体纵筋应足强度锚入柱内以满足刚性连接需求，且无论柱是否变截面，此处只有梁的纵筋锚固入柱，不存在柱的纵筋锚固在自身。因此，柱截面位置纵向钢筋构造的第 1、3、5 图所示为上柱与下柱纵筋的搭接连接而不是上柱纵筋锚入下柱。问题在于该部位为 100%的钢筋连接，按规定搭接长度应为 1.6 倍锚固长度，之所以取 1.2 倍锚固长度，原因是此位置恰好自然形成非接触搭接的条件。当搭接钢筋的净距不小于 25 mm 时，混凝土可以填实两筋间空，实现对钢筋搭接长度范围的完全包裹可获更高的粘结强度，故 1.2 倍锚长完全满足非接触搭接传力效果。如果认为此处为上柱钢筋在下柱的锚固，那么一倍锚长即可满足足强度锚固要求，没有采用 1.2 倍锚长的理由。显然，此方式的锚固之说不合理。

关于纵向钢筋弯折要求：应注意该要求的楼层部位钢筋弯钩的弯折半径，比综合构造要求钢筋弯钩的弯折半径大了一倍。当钢筋直径 $d \leqslant 25$ mm（d 为钢筋直径）时要求弯折半径 $r=4d$，而综合构造要求弯折直径 $D=4d$，不排除两个板块由不同专家分别编写时将半径误作直径的可能性，排除这种情况尚需调查研究。

【原图】

11G101－1 第 61 页，抗震 KZ、QZ、LZ 箍筋加密区范围，抗震 QZ、LZ 纵向钢筋构造：

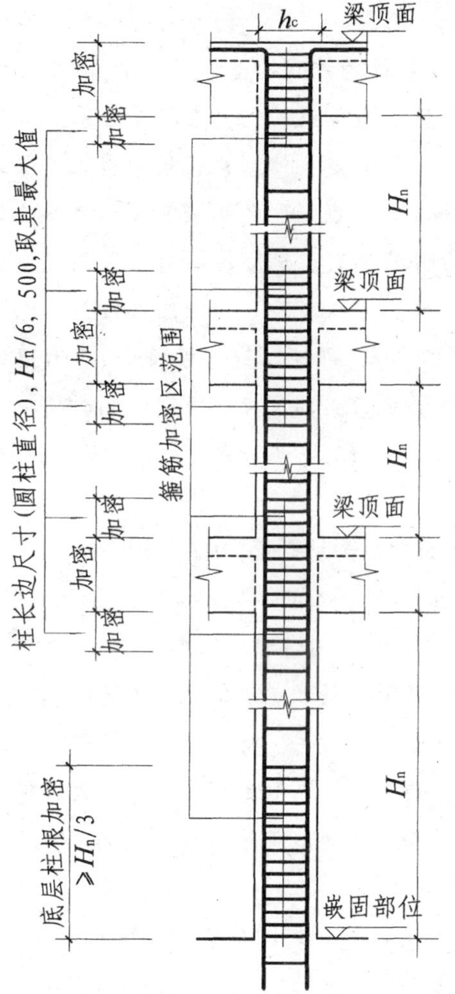

抗震KZ、QZ、LZ箍筋加密区范围

（QZ嵌固部位为墙顶面，LZ嵌固部位为梁顶面）

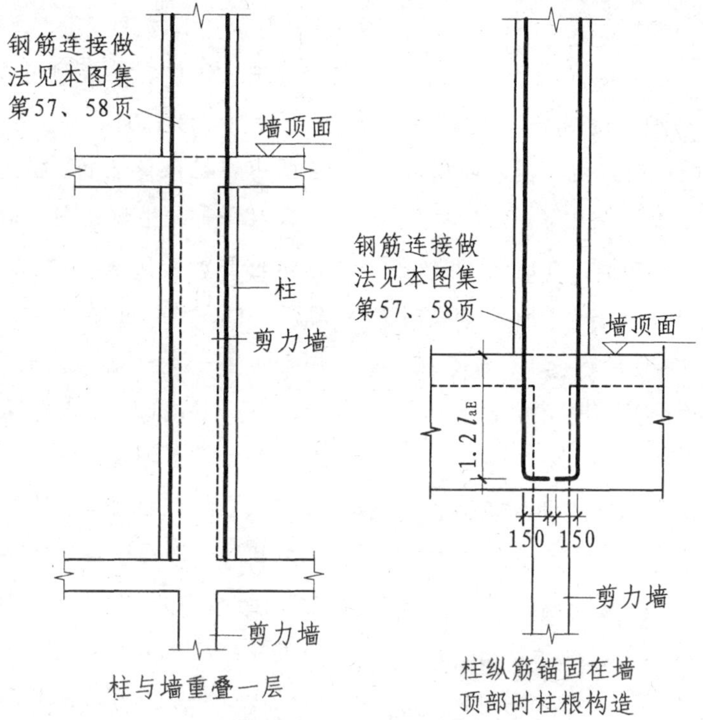

柱与墙重叠一层

柱纵筋锚固在墙顶部时柱根构造

抗震剪力墙上QZ纵筋构造

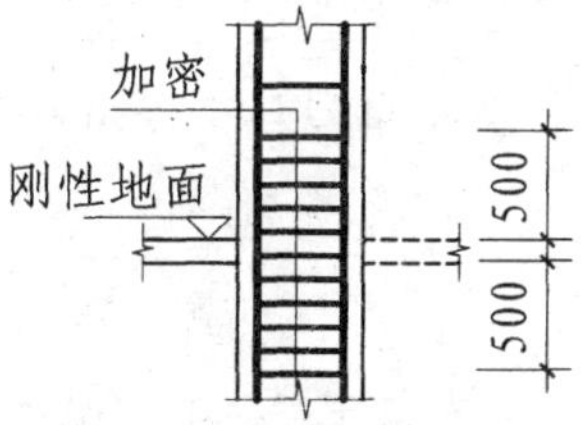

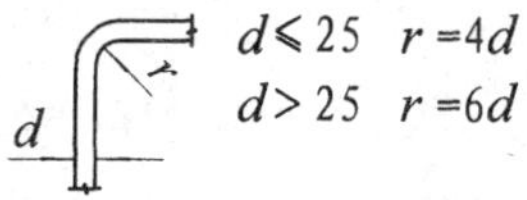

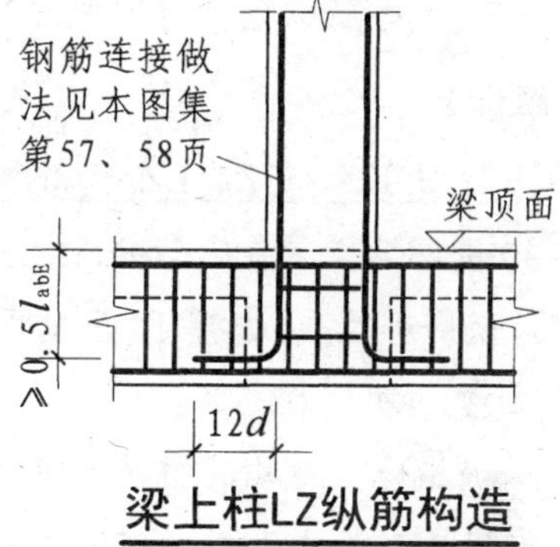

梁上柱LZ纵筋构造

注：1. 除具体工程设计标注有箍筋全高加密的柱外，柱箍筋加密区按本图所示。

2. 当柱纵筋采用搭接连接时，搭接区范围内箍筋构造见本图集第54页。

3. 为便于施工时确定柱箍筋加密区的高度，可按第62页的图表查用。

4. 当柱在某楼层各向均无梁连接时，计算箍筋加密范围采用的H_n按该跃层柱的总净高取用，其余情况同普通柱。

5. 墙上起柱，在墙顶面标高以下锚固范围内的柱箍筋按上柱非加密区箍筋要求配置。梁上起柱，在梁内设两道柱箍筋。

6. 墙上起柱（柱纵筋锚固在墙顶部时）和梁上起柱时，墙体和梁的平面外方向应设梁，以平衡柱脚在该方向的弯矩；当柱宽度大于梁宽时，梁应设水平加腋。

底层刚性地面上下各加密500

纵向钢筋弯折要求

【解读】

关于抗震 KZ、QZ、LZ 箍筋加密区范围：该图系从 03G101－1 第 40 页同名图复制，仅将原图柱根部标注“基础顶面、嵌固部位”改为“嵌固部位”，去掉了“基础顶面”。

应注意，由于 03G101－1 不涉及地下室结构，其所注“嵌固部位”明确指地上结构的首层，其概念与 11G101-1 中所注“嵌固部位”有区别（见本章对 11G101－1 第 57 页的解读）。03G101－1 的编制思路，系将地上结构与地下结构分开，因为地上结构为结构概念上的“主体结构”，地下结构包括基础结构和地下室结构。

地上结构与地下结构分开编制的依据，是出于明晰抗震概念。例如，剪力墙在主体结构中抵抗地震横向力，当墙截面长度不小于 8 倍墙厚且不大于 8 m 时，为抗震概念上的剪力墙（墙截面长度与墙厚之比为 4~8 时为短肢剪力墙），若墙截面长度大于 8 m，则当抵抗地震横向力时受力不合理，墙身易发生失稳破坏，而地下室结构中的混凝土墙的长度则无此限制；地下室结构中的墙长可至“分缝”长度，一片较长的地下室混凝土外墙或内墙上可向上延伸出多道剪力墙。再者，主体结构的剪力墙在抵抗横向地震力时其边缘部位反复承受较高的压力与拉力，为此必须加强剪力墙边缘部位的强度与刚度，但此概念对地下室结构中的混凝土墙并不适用。

11G101－1 为 03G101－1 的仿制版，该版将平法原创适用于箱形基础和地下室结构的标准设计 08G101－5 中的部分内容也仿制其中，这样容易混淆底层框架柱的抗震构造加强概念。

由于 03G101－1 主要为地上主体结构，其在抗震柱箍筋加密区图中在柱根标注的“嵌固部位”就是主体结构底层即地上首层的框架柱根部，根据现行《混规》对“底层”的明确定义和底层框架柱根箍筋加密区应≥H_n/3 的明确规定，此处箍筋加密区高度应≥H_n/3。11G101—1 在第 61 页的图中仅标注了“嵌固部位”，而嵌固部位不一定为结构底层框架柱根（即地下室顶板顶面），有可能是地下一层地面，如此标注将误导嵌固部位在地下室地面时将柱根部箍筋加密区高度控制在≥H_n/3，而忽略了应采用该抗震构造的地上首层的框架柱。

此外，该图图注“QZ 嵌固部位为墙顶面，LZ 嵌固部位为梁顶面”指示在 QZ、LZ 柱根部位也执行“嵌固部位”之上箍筋加密区高度≥H_n/3 的规定，这样做没有必要，因为平法中的墙上起柱 QZ 和梁上起柱 LZ 的定义为局部范围少量的普通起柱，不是结构转换层上的起柱（结构转换层构件属特殊构件，将在特殊构件平法构造设计中表达），这样的柱位置较高，柱根承受的地震剪力大大低于底层框架柱，没有必要将普通墙上起柱 QZ 和普通梁上起柱 LZ 的柱根部箍筋加密至≥H_n/3 高度。

关于抗震剪力墙上 QZ 纵筋构造：该图系从 03G101－1 第 39 页同名图复制，需解读的问题有：

1. 当抗震等级较高时，宜采用柱与墙重叠一层构造；当抗震等级较低时，可采用柱纵筋锚固在墙顶部构造。具体采用何种构造，施工方面应注意设计者标注的墙上起柱的柱根标高与墙顶标高的关系。

2. 平法构造原理中的规则之一为“当某部位设计有两种配筋时，不重复配置，取大者”。当采用“柱与墙重叠一层”方式时，在柱与墙重叠的一层高度范围，柱截面尺寸比墙厚大，柱纵筋和箍筋凸出墙身之外，且墙竖向分布筋通常比柱纵筋配置要小，此时在柱身宽度范围应配置柱纵筋并取消墙竖向分布筋，但墙水平分布筋应贯穿柱截面，不可中断。

3. “柱纵筋锚固在墙顶部时柱筋构造”图的表达不全面，柱纵筋向下延伸 $1.2l_{aE}$ 可能不低于侧面梁的截面高度（如图所示），但多数情况下会低于侧面梁梁底，故该图应有附加图注，以免误导。

关于箍筋在底层刚性地面上下各加密 500：刚性地面即硬化地面，此图适合无地下室时的基础埋深较深，在室内地面标高未设置地下框架梁（施工方面习称“拉梁”、“地梁”），且从基础顶面起算到二层框架梁底的柱净高度的 1/3，未覆盖刚性地面上下各 500 mm 范围时，则采用该图在刚性地面以上下各加密箍筋 500 mm 高度；当柱净高的 1/3 部分覆盖刚性地面上下各 500 mm 范围时，则继续加密至刚性地面以上 500 mm；当柱净高的 1/3 已然覆盖刚性地面上下各 500 mm 范围时，则不需要重复加密。

关于纵向钢筋弯折要求：请参见对 11G101－1 第 60 页同名图的解读。

关于梁上柱 LZ 纵筋构造：该图的“图形语言”已表明该梁上柱系普通梁上起柱，不是转换层上的转换大梁上起柱（转换层大梁构造将归入特殊构件平法通用设计），因此，该构造不适用于截面高度较高的转换大梁。

关于注 2：“当柱纵筋采用搭接连接时，搭接区范围内箍筋构造见本图集第 54 页”。对第 54 页的相应构造已有解读，在此补充如下：

抗震箍筋加密与纵筋搭接范围箍筋加密分属不同概念。抗震柱端设置箍筋加密区系为了以构造方式实现“强柱弱梁、强剪弱弯”抗震目标，纵筋搭接范围加密箍筋系为了提高混凝土对搭接钢筋的粘结强度，虽然要求加密的箍筋间距有相同之处，但两种加密的功能与目标各不相同，因此箍筋形式亦不相同。抗震加密的箍筋必须“隔一拉一”；但纵筋搭接范围在两道非加密的隔一拉一箍筋之间再加密的那道箍筋，仅需一道周围方框箍即可实现“横向钢筋可提高钢筋粘结强度”的功能目标。

【原表】

11G101－1 第 62 页，框架柱和小墙肢箍筋加密区高度选用表：

抗震框架柱和小墙肢箍筋加密区高度选用表(mm)

柱净高 H_n (mm)	柱截面长边尺寸h_c或圆柱直径D																		
	400	450	500	550	600	650	700	750	800	850	900	950	1000	1050	1100	1150	1200	1250	1300
1500																			
1800	500																		
2100	500	500	500																
2400	500	500	500	550															
2700	500	500	500	550	600	650													
3000	500	500	500	550	600	650	700												
3300	550	550	550	550	600	650	700	750	800										
3600	600	600	600	600	600	650	700	750	800	850									
3900	650	650	650	650	650	650	700	750	800	850	900	950							
4200	700	700	700	700	700	700	700	750	800	850	900	950	1000						
4500	750	750	750	750	750	750	750	750	800	850	900	950	1000	1050	1100				
4800	800	800	800	800	800	800	800	800	800	850	900	950	1000	1050	1100	1150			
5100	850	850	850	850	850	850	850	850	850	850	900	950	1000	1050	1100	1150	1200	1250	
5400	900	900	900	900	900	900	900	900	900	900	900	950	1000	1050	1100	1150	1200	1250	1300
5700	950	950	950	950	950	950	950	950	950	950	950	950	1000	1050	1100	1150	1200	1250	1300
6000	1000	1000	1000	1000	1000	1000	1000	1000	1000	1000	1000	1000	1000	1050	1100	1150	1200	1250	1300
6300	1050	1050	1050	1050	1050	1050	1050	1050	1050	1050	1050	1050	1050	1050	1100	1150	1200	1250	1300
6600	1100	1100	1100	1100	1100	1100	1100	1100	1100	1100	1100	1100	1100	1100	1100	1150	1200	1250	1300
6900	1150	1150	1150	1150	1150	1150	1150	1150	1150	1150	1150	1150	1150	1150	1150	1150	1200	1250	1300
7200	1200	1200	1200	1200	1200	1200	1200	1200	1200	1200	1200	1200	1200	1200	1200	1200	1200	1250	1300

箍筋全高加密

注：1. 表内数值未包括框架嵌固部位柱根部箍筋加密区范围。

2. 柱净高（包括因嵌砌填充墙等形成的柱净高）与柱截面长边尺寸（圆柱为截面直径）的比值$H_n/h_c \leqslant 4$时，箍筋沿柱全高加密。

3. 小墙肢即墙肢长度不大于墙厚4倍的剪力墙。矩形小墙肢的厚度不大于300时，箍筋全高加密。

【解读】

该表系从03G101－1第41页同名表复制，需解读的问题有：

1. 应注意现行《混规》和《高规》中取消了“小墙肢”定义。

“抗震框架柱和小墙肢箍筋加密区高度选用表”涉及以往的墙肢定义：当墙肢长度（指截面高度）与厚度之比不大于3时按框架柱；大于3但不大于5时为小墙肢，大于5但不大于8时为短肢剪力墙，长厚比大于8但墙肢长度不大于8 m时为剪力墙。现行规范规定：当墙肢长度与厚度之比不大于4时宜按框架柱；大于4但不大于8时为短肢剪力墙；长厚比大于8但墙肢长度不大于8 m时为剪力墙。

2. 表后附注2要求：“柱净高（包括因嵌砌填充墙等形成的柱净高）与柱截面长边尺寸（圆柱为截面直径）的比值 $H_n/h_c \leqslant 4$ 时，箍筋沿柱全高加密”。要求所指嵌砌填充墙的情况通常系指填充窗台墙，但当窗台墙墙体为非刚性材质，或当窗台墙厚度与柱截面宽度之比不大于1/4时，对框架柱的嵌固作用不至于形成段柱受力状态，此时柱净高减去窗台墙高度虽然符合全高加密标准，但此种状况不构成柱箍筋全高加密的必要条件。

【原图】

11G101－1第63页，非抗震KZ纵向钢筋连接构造：

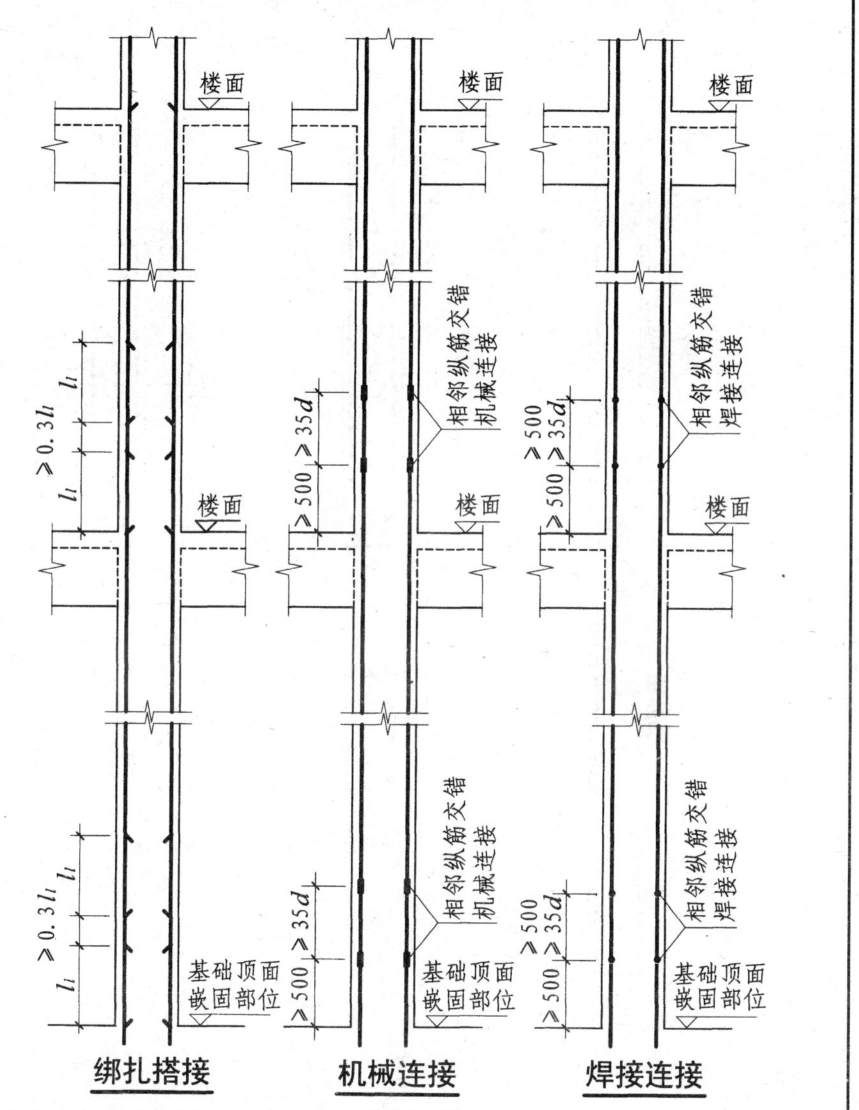

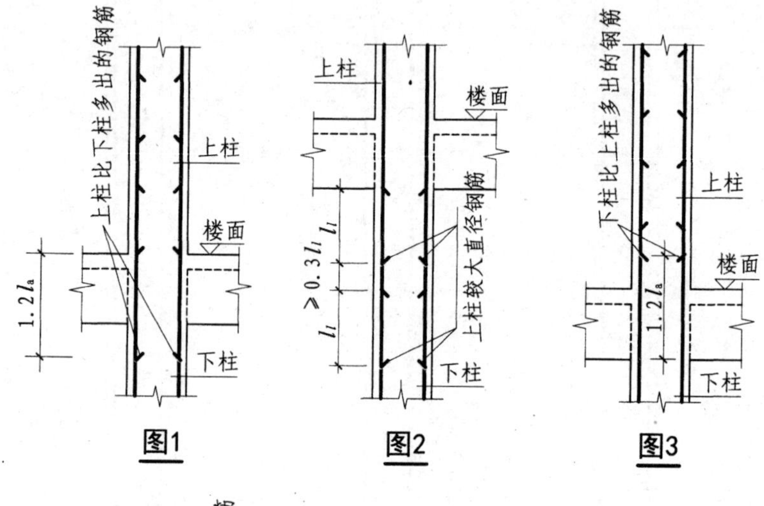

图1　　图2　　图3

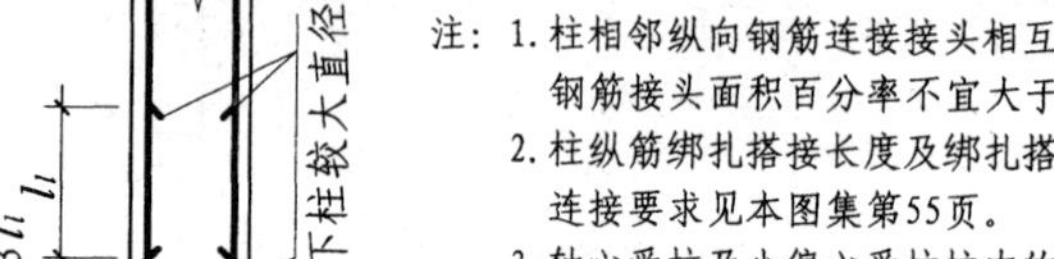

图4

注：1. 柱相邻纵向钢筋连接接头相互错开。在同一截面内钢筋接头面积百分率不宜大于50%。

2. 柱纵筋绑扎搭接长度及绑扎搭接、机械连接、焊接连接要求见本图集第55页。

3. 轴心受拉及小偏心受拉柱内的纵向钢筋不得采用绑扎搭接接头，设计者应在柱平法结构施工图中注明其平面位置及层数。

4. 上柱钢筋比下柱多时见图1，上柱钢筋直径比下柱钢筋直径大时见图2，下柱钢筋比上柱多时见图3，下柱钢筋直径比上柱钢筋直径大时见图4。图中为绑扎搭接，也可采用机械连接和焊接连接。

【解读】

该图系从 03G101－1 第 42 页同名图复制，需解读的问题有：

1. 本图“非抗震 KZ 纵向钢筋连接构造”与“抗震 KZ 纵向钢筋连接构造”的主要不同在于：其一，非抗震框架柱不设非连接区，图中所示连接位置为传统施工习惯；其二，非抗震框架柱不设置箍筋加密区；其三，非抗震框架柱的搭接长度为 l_l、锚固长度为 l_a。
2. 框架柱纵筋搭接范围箍筋加密要求，非抗震与抗震相同。纵筋搭接范围加密箍筋的功能与目标，系为了提高混凝土对搭接钢筋的粘结强度，从而更好地传力。
3. 图注 3 中的“轴心受拉及小偏心受拉柱内的纵向钢筋不得采用绑扎搭接接头”的依据为现行《混规》第 8.4.2 条规定，应注意抗震框架柱可能有小偏心受拉内力组合，但不可能出现轴心受拉状态；轴心受拉及小偏心受拉内力组合对于非抗震框架柱通常均不会出现。

其他情况，可参考对“抗震 KZ 纵向钢筋连接构造”的比较详细的解读。

【原图】

11G101－1 第 64 页，非抗震 KZ 边柱和角柱柱顶纵向钢筋构造：

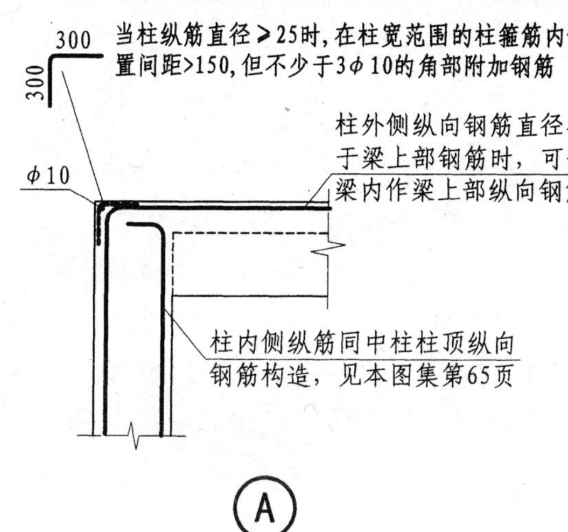

Ⓐ

柱筋作为梁上部钢筋使用

柱外侧纵向钢筋配筋率>1.2%时，分两批截断

≥1.5l_{ab}　≥20d

梁上部纵筋

梁底

柱内侧纵筋同中柱柱顶纵向钢筋构造，见本图集第65页

Ⓑ

从梁底算起1.5l_{ab}超过柱内侧边缘

柱外侧纵向钢筋配筋率>1.2%时分两批截断

≥1.5l_{ab}　≥20d

≥15d

梁上部纵筋

梁底

柱内侧纵筋同中柱柱顶纵向钢筋构造，见本图集第65页

Ⓒ

从梁底算起1.5l_{ab}未超过柱内侧边缘

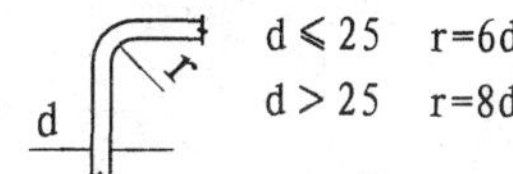

节点纵向钢筋弯折要求

柱顶第一层钢筋伸至柱内边向下弯折8d

柱顶第二层钢筋伸至柱内边

8d

柱内侧纵筋同中柱柱顶纵向钢筋构造，见本图集第65页

Ⓓ（用于Ⓑ或Ⓒ节点未伸入梁内的柱外侧钢筋锚固）

当现浇板厚度不小于100时，也可按Ⓑ节点方式伸入板内锚固，且伸入板内长度不宜小于15d

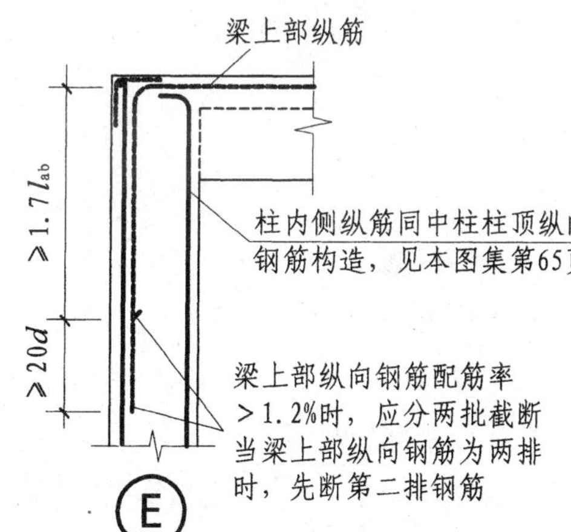

Ⓔ

梁、柱纵向钢筋搭接接头沿节点外侧直线布置

注：1. 节点Ⓐ、Ⓑ、Ⓒ、Ⓓ应配合使用，节点Ⓓ不应单独使用（仅用于未伸入梁内的柱外侧纵筋锚固），伸入梁内的柱外侧纵筋不宜少于柱外侧全部纵筋面积的65%。可选择Ⓑ+Ⓓ或Ⓒ+Ⓓ或Ⓐ+Ⓑ+Ⓓ或Ⓐ+Ⓒ+Ⓓ的做法。
2. 节点Ⓔ用于梁、柱纵向钢筋接头沿节点柱顶外侧直线布置的情况，可与节点Ⓐ组合使用。

【解读】

该页图除仅将11G101－1第59页“抗震KZ边柱和角柱柱顶纵向钢筋构造”图中的 l_{abE} 改为 l_{ab} 外，所有图形、图注均相同。关于对第59页图的分项解读对本页亦适用，摘要如下：

该页要求使用者对图中几种构造自行组合搭配使用，系提供了构造参考资料而非明确的构造规则，此方式不符合平法构造理论。

关于图Ⓐ：

将柱外侧纵筋直接弯入框架梁上部作梁纵筋使用，在具体设计中的发生概率不高。应注意在浇筑柱混凝土后绑扎梁钢筋时，应避免扰动该钢筋，以防在其在柱中的粘结失效。

关于图Ⓑ、Ⓒ：

1. 该构造为梁纵筋自梁底起与柱外侧纵筋弯折搭接 $1.5l_{ab}$，应注意此方式为弯折搭接而非弯折锚固，故两图对梁纵筋弯钩标注的≥15d 为多余的非必要条件。
2. 柱外侧纵向钢筋配筋率>1.2%时分两批截断，第一批截断≤1.2%（配筋率），余者第二批截断，较之每批截断50%用钢量少，有科学用钢意义。
3. 梁柱外侧纵筋自梁底起的弯折搭接方式，该方式以基本锚固长度 l_{ab} 度量，与《高层建筑混凝土结构技术规程》JGJ 3－2010对同类型构造以锚固长度 l_a 度量存在矛盾。

关于图Ⓓ：

该图图示并引注“柱顶第一层钢筋伸至柱内边向下弯折8d”和“柱顶第二层钢筋伸至柱内边”有误。“柱顶第二层钢筋”，是边柱或角柱另一侧面柱纵筋的弯钩，在该视图只能看到点状钢筋截面，看不到弯钩。问题原因，在于不清楚钢筋“分层与分排”两种定义的区别。

柱顶第一层钢筋伸至柱内边再向下弯钩8d后，其“集肤效应”已对互相接触交叉的下方第二层钢筋形成有效约束，故此弯钩可以在柱边直接截断，无必要再向下弯钩。

关于图Ⓔ：

1. 该图为屋面框架梁上部纵筋弯折后与柱外侧纵筋直线搭接方式。当结构顶层抽柱，梁跨度较大、梁截面高度较高，且已满足 $1.7l_{abE}$ 直线搭接长度时，梁纵筋下端可能不到梁底，但此时钢筋搭接长度已满足受力要求。
2. 梁上部纵向钢筋配筋率>1.2%时分两批截断，第一批截断≤1.2%（配筋率），余者第二批截断，此方式的用钢量少。
3. 梁上部纵筋为两排且配筋率>1.2%时，先截断哪一排并不影响构造效果。对于非抗震框架梁，第一排纵筋与柱外侧纵筋直线搭接，第二排纵筋的保护层厚度较大，按楼层框架梁端弯钩锚固，较为科学合理。
4. 该方式以基本锚固长度 l_{ab} 度量直线搭接长度，部分打破了仅框架梁弯折锚固采用 l_{ab} 的格式，且与《高层建筑混凝土结构技术规程》JGJ 3-2010 对同类型构造以锚固长度 l_{aE} 的度量方式不一致。

5. 该直线搭接方式为柱纵筋伸至柱顶截断，不存在以较大弯折半径弯钩后出现的素混凝土角区，因此，不需要在柱外上角设置角部附加钢筋。

关于图注：

通常框架梁宽度小于柱截面宽度，图注 1 要求伸入梁内的柱外侧纵筋不宜少于柱外侧全部纵筋面积的 65%，当柱外侧纵筋配置 4 根或 5 根时，只能有 2 根或 3 根伸入梁内，均无法满足 65%；仅当配置不少于 6 根时，才可满足此规定。显然规定脱离实际。

此外要求伸入梁内的柱外侧纵筋不宜少于柱外侧全部纵筋面积的 65%，虽然所要求的百分比脱离实际，但要求柱外侧纵筋伸入梁内对抗震结构有必要；而对非抗震结构，其必要性存有疑问，因非抗震结构不承受抗震结构严加防范的横向地震作用。

【原图】

11G101－1 第 65 页，非抗震 KZ 中柱柱顶纵向钢筋构造，非抗震 KZ 柱变截面位置纵向钢筋构造：

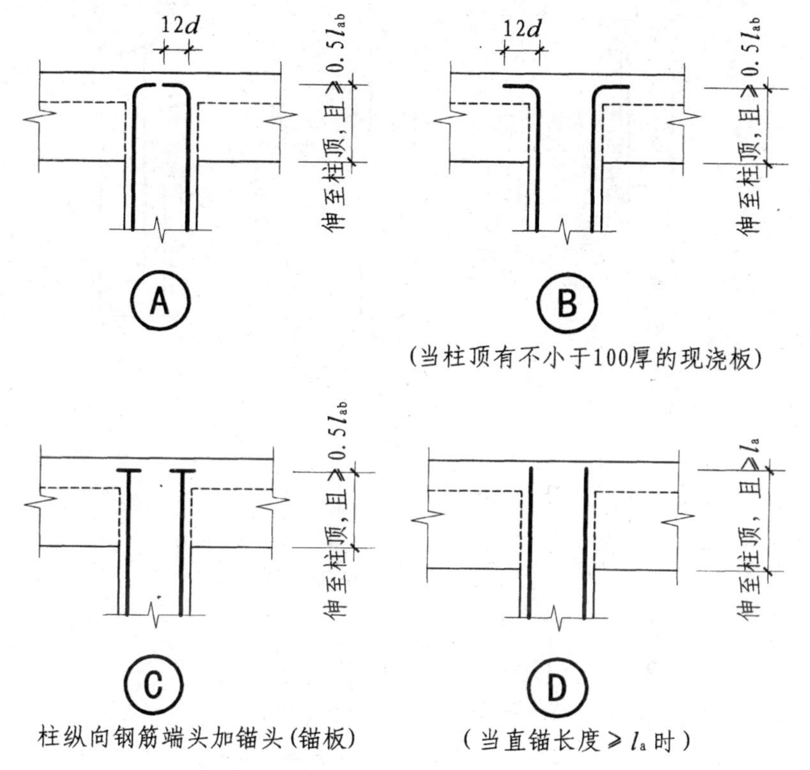

中柱柱顶纵向钢筋构造Ⓐ-Ⓓ

（中柱柱头纵向钢筋构造分四种构造做法，施工人员应根据各种做法所要求的条件正确应用）

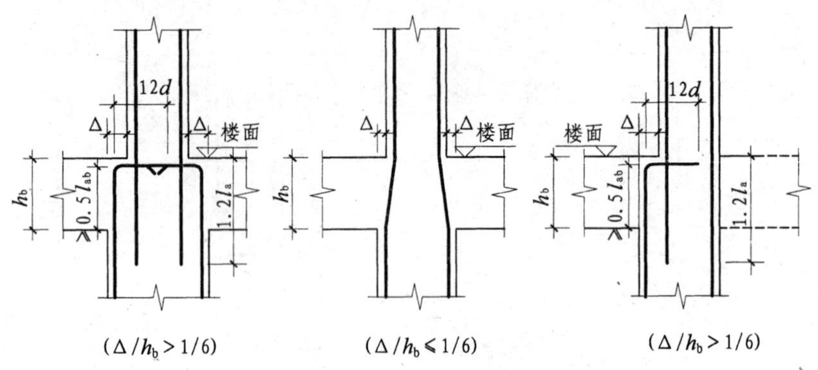

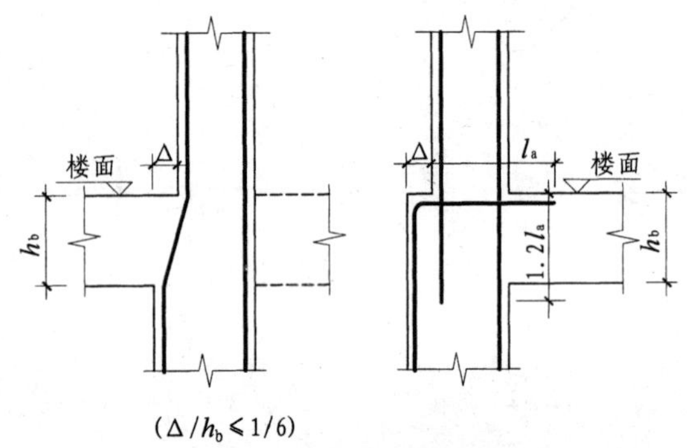

柱变截面位置纵向钢筋构造

(楼层以上柱纵筋连接构造见本图集第63页)

【解读】

该页图除仅将11G101－1第60页图中的 l_{abE}、l_{aE} 改为 l_{ab}、l_a 外，所有图形、图注均相同。关于对第60页图的分项解读对本页亦适用，摘要如下：

关于中柱柱顶纵向钢筋构造图 ©：该图纵向钢筋柱顶端头加锚板时，宜在锚板上钻留排气小孔，方便浇筑混凝土时排净空气。

关于柱变截面位置纵向钢筋构造：

1. 柱截面减小值与梁截面高度的比值 h_b≤1/6 时，柱纵筋微弯折向上柱延伸；h_b >1/6 时，上柱与下柱纵筋在梁柱节点搭接 $1.2l_a$。上下柱纵筋在梁柱节点的搭接连接方式，不仅适合Δ/h_b>1/6 的情况，同样适合Δ/h_b≤1/6 的情况。
2. h_b >1/6 时，上柱与下柱纵筋在梁柱节点搭接 $1.2l_a$，该部位为100%钢筋搭接而非锚固。由于此位置自然形成非接触搭接条件，故1.2倍锚长完全满足非接触搭接传力效果。

关于纵向钢筋弯折要求：非抗震框架结构楼层部位钢筋弯钩的弯折半径，可按综合构造要求中的较小弯折半径。此举方便在框架顶层端节内布置双向复合箍筋（弯折半径过大时常与复合柱箍筋的定位发生冲突）。

【原图】

11G101－1 第66页，非抗震 KZ 箍筋构造，非抗震 QZ、LZ 纵向钢筋构造：

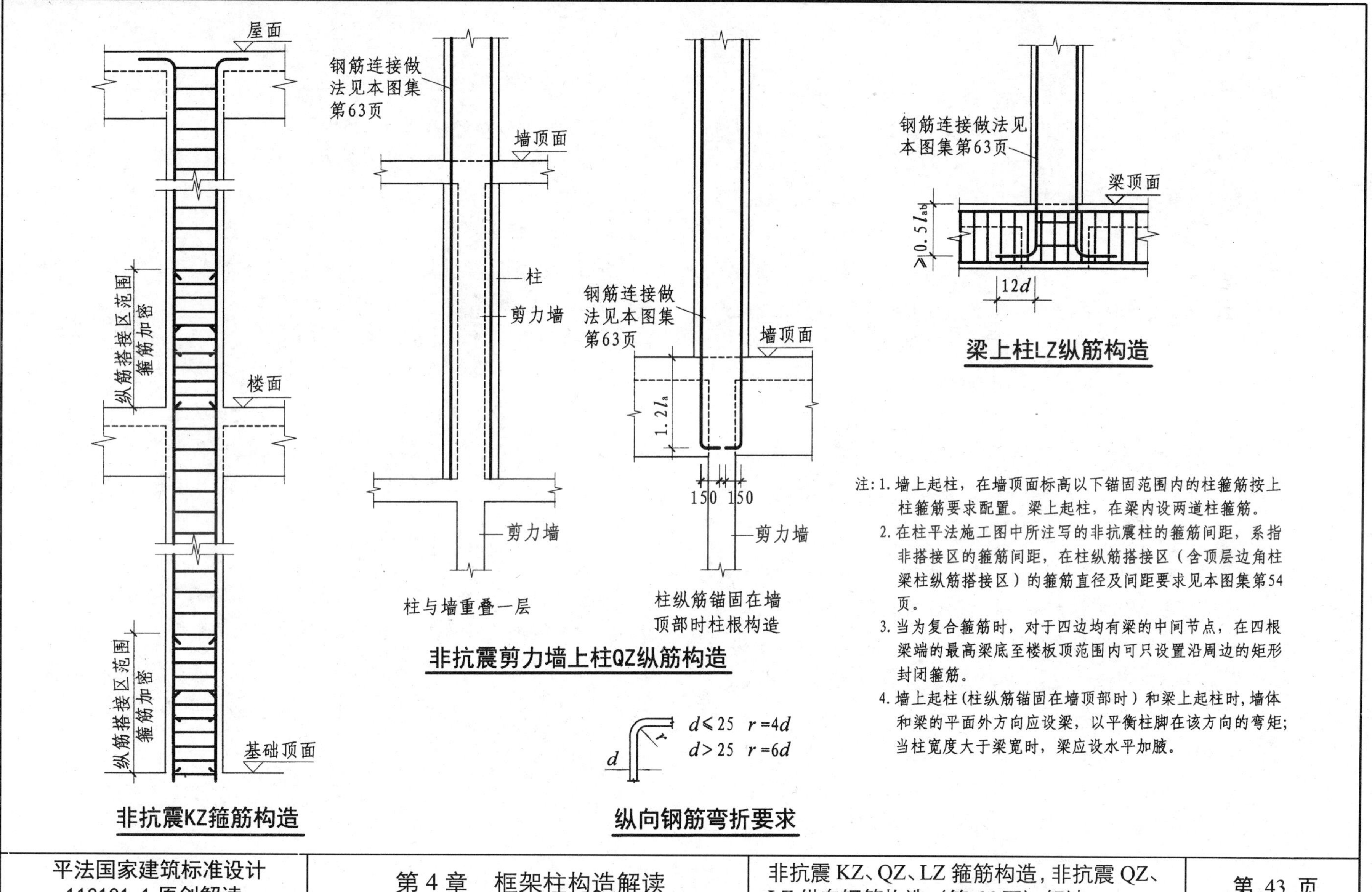

非抗震KZ箍筋构造

非抗震剪力墙上柱QZ纵筋构造

梁上柱LZ纵筋构造

纵向钢筋弯折要求

注：1. 墙上起柱，在墙顶面标高以下锚固范围内的柱箍筋按上柱箍筋要求配置。梁上起柱，在梁内设两道柱箍筋。

2. 在柱平法施工图中所注写的非抗震柱的箍筋间距，系指非搭接区的箍筋间距，在柱纵筋搭接区（含顶层边角柱梁柱纵筋搭接区）的箍筋直径及间距要求见本图集第54页。

3. 当为复合箍筋时，对于四边均有梁的中间节点，在四根梁端的最高梁底至楼板顶范围内可只设置沿周边的矩形封闭箍筋。

4. 墙上起柱（柱纵筋锚固在墙顶部时）和梁上起柱时，墙体和梁的平面外方向应设梁，以平衡柱脚在该方向的弯矩；当柱宽度大于梁宽时，梁应设水平加腋。

【解读】

关于非抗震 KZ 箍筋构造：该图系从 03G101－1 第 45 页同名图复制，解读如下：

1. 纵筋搭接位置可在框架柱的任意部位，图示位置比较符合传统施工习惯。
2. 在纵筋绑扎搭接范围加密箍筋的间距为正常配置箍筋间距的 1/2 时，可在两道正常配置的箍筋之间加密一道周边封闭箍（非复合箍）。在纵筋搭接范围加密箍筋，系为了提高混凝土对搭接钢筋的粘结强度，增设周边封闭箍即可实现“横向钢筋可提高钢筋粘结强度”的功能目标。

关于非抗震剪力墙上 QZ 纵筋构造：除将一个代号 l_{aE} 改为 l_a 外，该图与 11G101－1 第 61 页“抗震剪力墙上柱 QZ 纵筋构造”完全相同。解读如下：

1. 柱与墙重叠一层系当抗震等级较高时，墙上起柱能更好地与剪力墙结合承受横向地震作用；当抗震等级较低时，可采用柱纵筋锚固在墙顶部构造。显然，对于非抗震结构，因无横向地震作用，故采用柱与墙搭接一层的必要性不高。
2. 如采用“柱与墙重叠一层”方式，在柱与墙重叠的一层高度范围，在柱身宽度范围已配置柱纵筋，应取消墙竖向分布筋；但墙水平分布筋应贯穿柱截面，不可中断。
3. “柱纵筋锚固在墙顶部时柱筋构造”图的表达不全，柱纵筋向下延伸 $1.2l_a$ 有低于侧面梁底的情况。

关于梁上柱 LZ 纵筋构造：该图的“图形语言”，已表明该梁上柱系普通梁上起柱，不是转换层上的转换大梁上起柱（转换层大梁构造将归入特殊构件平法通用设计），因此，该构造不适用于截面高度较高的转换大梁。

关于纵向钢筋弯折要求：非抗震框架结构楼层部位钢筋弯钩的弯折半径，可按综合构造要求中的钢筋弯钩弯折半径。

关于图注 3：当非抗震柱的梁柱节点四边有梁时，可将复合箍改为周边封闭箍，其原理为非抗震框架柱设置的复合箍筋，主要功能：一是约束柱身受压横向变形，形成三向受压状态，可使框架柱具有较高抗压承载力；二是抗剪。当梁柱节点四边有梁时，四个方向的梁端部可有效约束梁柱节点的横向变形，此时已无必要增设截面内部的复合箍。依据此原理，当梁柱节点三边有梁，可取消对边均有梁的顺其方向的复合箍，保留单边有梁的顺其方向的复合箍。

关于图注 4：当梁上起柱时，梁支承柱（与框架柱支承梁相反），故在梁上起柱的梁柱节点，梁为节点主体，柱为节点客体；当柱宽度大于梁宽时，则为对柱锚固于梁不利的宽客体节点。此时，在梁上加侧腋，变宽客体为宽主体，有利于柱与梁的刚性连接。

【原图】

11G101－1 第 67 页，芯柱 XZ 配筋构造，矩形箍筋复合方式：

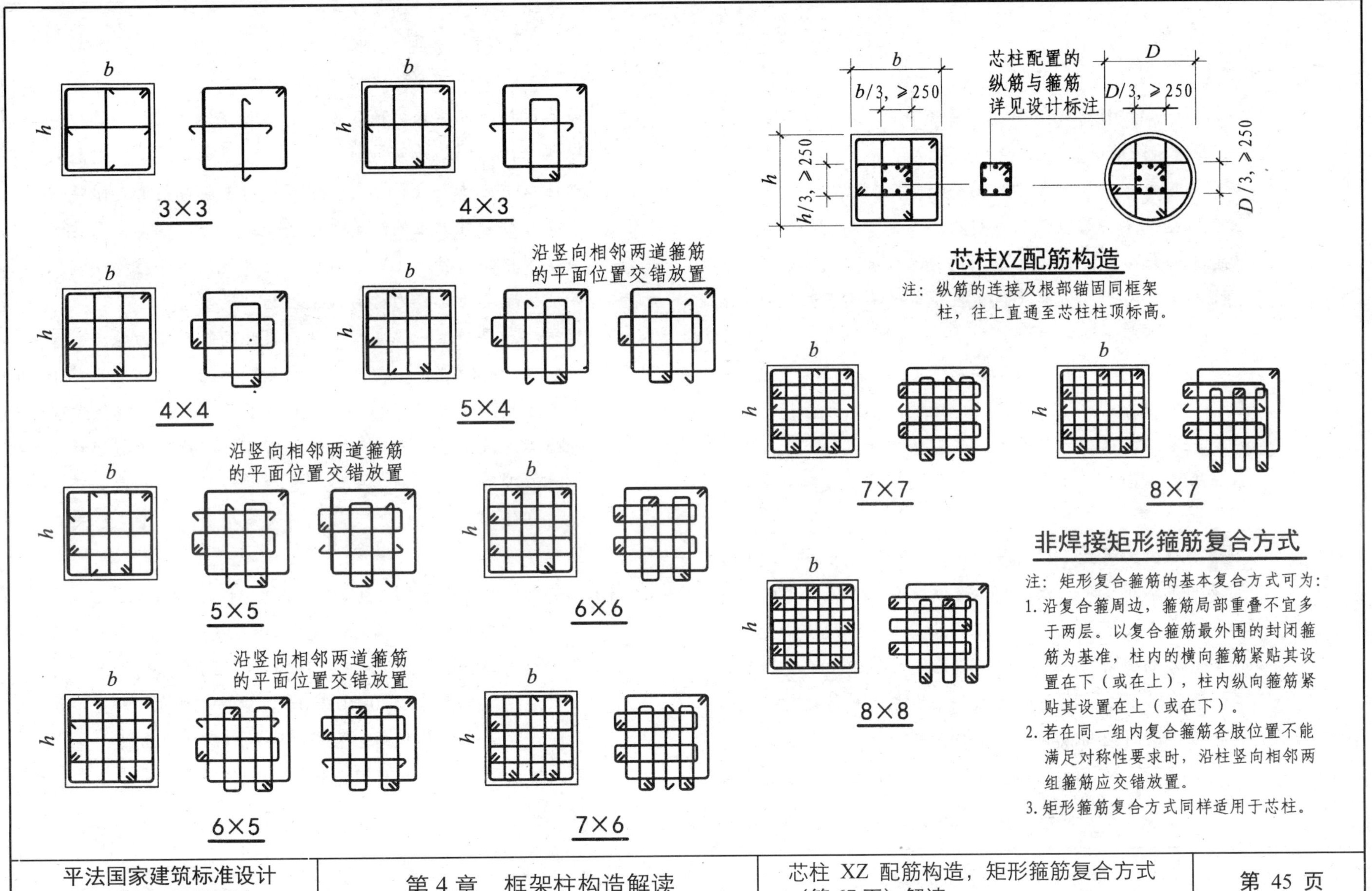

芯柱XZ配筋构造

注：纵筋的连接及根部锚固同框架柱，往上直通至芯柱柱顶标高。

非焊接矩形箍筋复合方式

注：矩形复合箍筋的基本复合方式可为：

1. 沿复合箍周边，箍筋局部重叠不宜多于两层。以复合箍筋最外围的封闭箍筋为基准，柱内的横向箍筋紧贴其设置在下（或在上），柱内纵向箍筋紧贴其设置在上（或在下）。
2. 若在同一组内复合箍筋各肢位置不能满足对称性要求时，沿柱竖向相邻两组箍筋应交错放置。
3. 矩形箍筋复合方式同样适用于芯柱。

【解读】

该页图系从 03G101－1 第 46 页同名图复制，解读如下：

关于非焊接矩形箍筋复合方式：

1. 矩形箍筋复合的原则为“大箍套小箍”，该原则明确否定了传统施工中将方框箍筋相交错形成复合箍筋的错误方式。大箍套小箍方式，沿大方框箍周边，仅有若干个小段出现箍筋接触，有利于混凝土包裹住箍筋的最大表面积，有利于钢筋与混凝土共同工作。
2. 如前面讨论的拉筋与单肢箍的功能区别，拉筋功能优于单肢箍，所以原创平法在该图注中注明“柱内复合箍可全部采用拉筋”，这样尤其方便在钢筋密集的梁柱节点范围绑扎复合箍。由于平法仿制者不清楚拉筋与单肢箍定义，故未复制该注。
3. 当箍筋肢数为奇数，按大箍套小箍原则需要补设一道拉筋而不能对称布置时，相应图示及注 2 要求“沿柱竖向相邻两组箍筋应交错放置”，应注意此要求不方便规模化施工（绑扎箍筋通常将一批箍筋叠起后从柱纵筋上端整体套入再分道绑扎），左放一个右放一个小长方框箍极大放缓施工进度，此时应将截面内的小方框箍全部改为拉筋，或适当加大截面内的小方框箍，而将单根拉筋设置在截面中心的方式，既可实现箍筋分布对称，又能保证施工效率。

关于芯柱 XZ 配筋构造：

1. 抗震设计时，要求当地震发生时结构整体能够横向摆动一定幅度，以消耗地震能量，避免突发性结构破坏。芯柱概念适系适应抗震设计延性要求产生，多在高层和超限高层混凝土框架柱中应用。地震时若使结构横向摆动，需要控制框架柱的“轴压比”，且轴压比越低，框架柱横向摆动的能力越高（此能力称为框架柱的“延性”）。
2. 建筑越高层数越多，底层框架柱累积的轴向压力越大，且抗震设计时抗震等级越高，要求控制的轴压比越低，对于高层或超限高层下部的框架柱则截面越大，过大的柱截面既影响建筑布局，又易形成对抗震不利的短柱或极短柱。此时，采用将粗钢筋集中设置在框架截面中部的措施，既能控制住相应轴压比，又能同时控制柱截面不至于过大，故此产生了“芯柱”概念。
3. 注意到仿制者在复制 03G101－1 第 11 页“柱平法施工图截面注写方式示例”图时，莫名其妙地将设置在框架柱底部（标高－0.030~8.670）的芯柱，设置到了框架柱中部标准层范围（标高 19.470~30.270），见仿制版第 12 页。稍有设计经验者便可知此位置框架柱的轴压比非常低，完全无必要设置芯柱，此属概念性错误。

第 5 章　剪力墙构造解读

【原图】

11G101－1 第 58 页，剪力墙身水平钢筋构造：

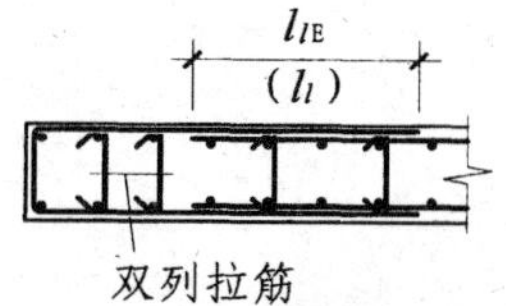

端部无暗柱时剪力墙水平钢筋端部做法（一）
（当墙厚度较小时）

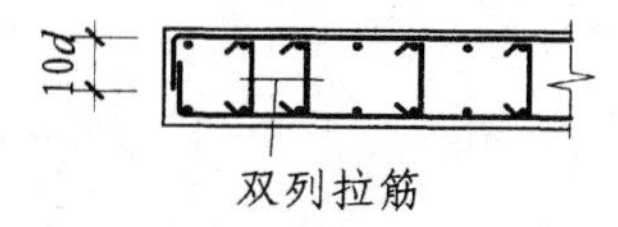

端部无暗柱时剪力墙水平钢筋端部做法（二）

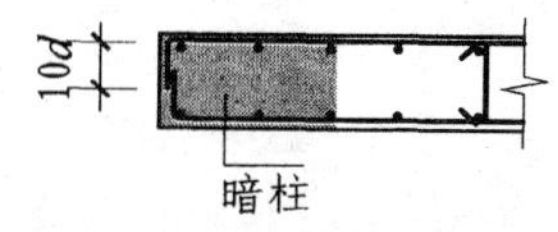

端部有暗柱时剪力墙水平钢筋端部做法

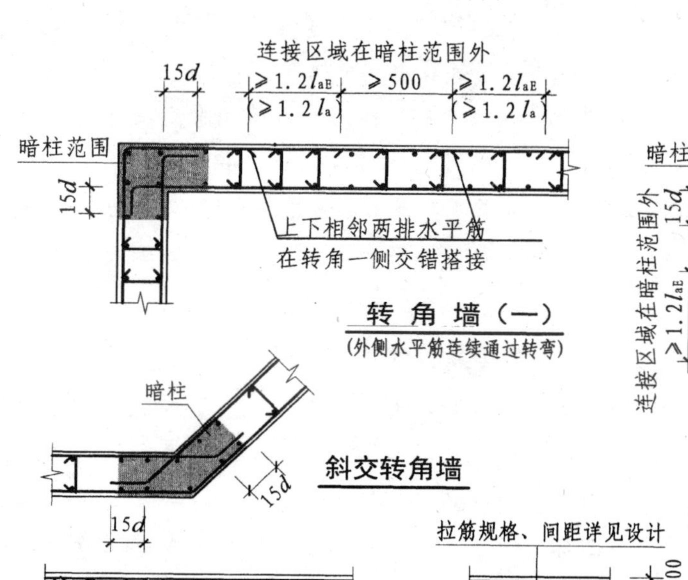

转 角 墙（一）
（外侧水平筋连续通过转弯）

斜交转角墙

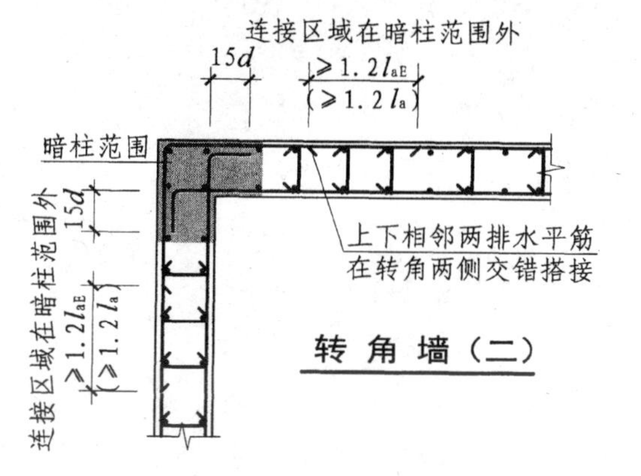

转 角 墙（二）

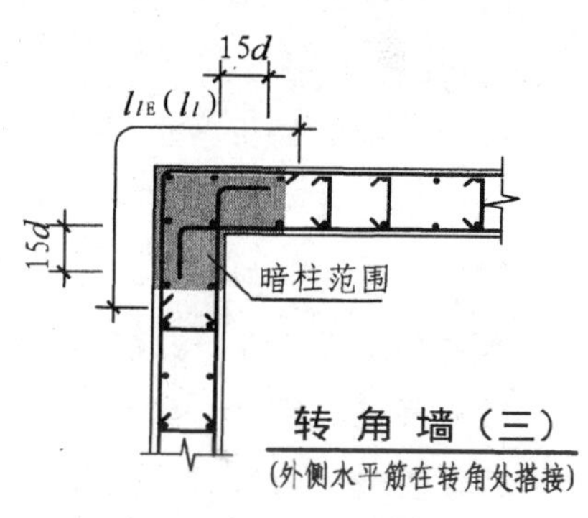

转 角 墙（三）
（外侧水平筋在转角处搭接）

≥1.2 l_{aE}　≥500　≥1.2 l_{aE}
(≥1.2 l_a)　(≥1.2 l_a)

剪力墙水平钢筋交错搭接
（沿高度每隔一根错开搭接）

拉筋规格、间距详见设计

b_w　$b_w \leqslant 400$

剪力墙双排配筋

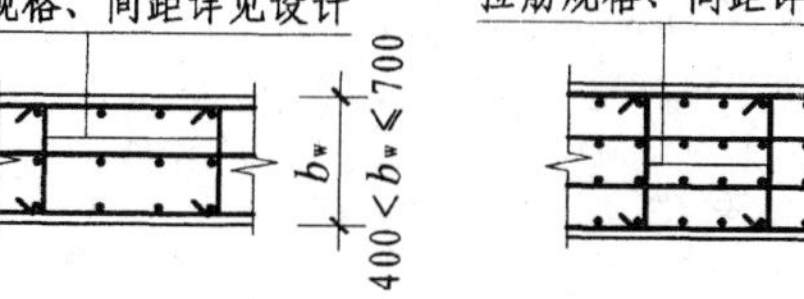

剪力墙三排配筋
（水平、竖向钢筋均匀分布，拉筋需与各排分布筋绑扎）

拉筋规格、间距详见设计

b_w　>700

剪力墙四排配筋
（水平、竖向钢筋均匀分布，拉筋需与各排分布筋绑扎）

注：1. 括号内为非抗震纵筋搭接和锚固长度。
2. 本图所示拉筋应与剪力墙每排的竖向筋和水平筋绑扎。
3. 剪力墙钢筋配置若多于两排，中间排水平筋端部构造同内侧钢筋。
4. 剪力墙水平分布钢筋计入约束边缘构件体积配箍率的构造做法详见本图集第72页。

【解读】

该页图系从03G101－1第47页同名图复制，解读如下：

关于端部无暗柱时剪力墙水平钢筋端部做法（一）、（二）：

1. 该端部构造做法的最早版本，系作者1996年创作的平法标准设计96G101第29页同名图，当时的设计依据为《混凝土结构设计规范》GBJ 10－89和《建筑抗震设计规范》GBJ 11－89。根据当时的规范要求，96G101对“端部无暗柱时剪力墙水平钢筋锚固（一）”加图注“（可用于各级抗震等级的边缘构件）”；对“端部无暗柱时剪力墙水平钢筋锚固（二）”加图注“（可用于三、四级抗震等级非加强部位的边缘构件），该两图的图注在以后版本中已取消。
2. 随着规范的修订，剪力墙抗震构造不断强化，墙边缘部位不设置暗柱的做法已基本消失，但该两图保留的价值在于“做法（一）”适用于短肢剪力墙端部构造加强[1]，“做法（二）”适用于剪力墙局部开洞的洞边构造加强。

关于端部有暗柱时剪力墙水平钢筋端部做法及斜交转角墙：

1. 剪力墙端部有暗柱时，钢筋端部做法有两种：一种为图示做法，该做法水平筋弯钩的保护层较薄且无其他外层钢筋约束；再一种做法为将剪力墙水平筋弯钩在暗柱角筋内侧弯入暗柱，这样剪力墙水平弯钩外侧的保护层较厚且在暗柱纵筋和箍筋内侧，有利于抵抗高抗震等级地震作用。
2. 斜交转角墙水平筋的构造原则，为阳角位置钢筋弯折贯通，阴角位置钢筋交叉搭接。钢筋在阴角位置的交叉搭接长度，通常为相对斜向伸入（或有钝角弯折）的总长度为 l_{aE}（抗震）及 l_a（非抗震）。
3. 图中所示做法为控制钝角弯折后的平直段弯钩15d，当剪力墙厚度较小时，这种做法的水平筋伸入总长度可能小于 l_{aE} 及 l_a，当剪力墙较厚或墙身虽然较薄但斜交角度较小时，水平筋伸入总长度则可大于 l_{aE} 及 l_a，而当其直线伸入长度已达到或超过 l_{aE} 及 l_a 时，则无必要再做钝角弯折15d弯钩。
4. 现行《混规》第9.4.6条第4款要求“剪力墙水平筋应伸至翼墙或转角外边，并分别向两侧水平弯折15d”的规定，适用于直角正交的翼墙或转角，但不可在斜交转角墙盲目套用。斜交转角墙不存在两侧水平筋分别向两侧水平弯折的条件，尤其不适用于当剪力墙为小角度（15°）斜交时的情况。

关于转角墙（一）、（二）、（三）：

1. 当采用转角墙（一），且当两墙外侧水平分布筋单位高度配置的总截面面积（mm^2/m）不同时，配置较大者应转入

[1] 短肢剪力墙为墙肢水平长度为墙厚的4至8倍，剪力墙为8倍至8m。现行规范规定的边缘构件的最小截面对短肢剪力墙并不适用，勉强套用，常造成短肢剪力墙的边缘构件截面高度大于墙肢长度1/4的不合理状况。

配置较小者进行连接。

2. 当采用转角墙（二），且当两墙外侧水平分布筋配置的总截面面积不同时，在角部设置的弯折筋应按较大者。

3. 当采用转角墙（三）时，端部做法有两种：一种为图示做法，该做法水平筋弯钩的保护层较薄且无其他外层钢筋约束；再一种做法为将剪力墙水平筋弯钩在暗柱角筋内侧分别弯入暗柱，这样剪力墙水平弯钩外侧的保护层较厚且在暗柱纵筋和箍筋内侧，有利于抵抗高抗震等级地震作用。

4. 转角墙（一）、（二）、（三）种情况，当两墙外侧水平分布筋配置的总截面面积不同时，可能存在直径相同但分布间距不同、直径不同但分布间距相同、直径及分布间距均不相同三种不同情况；当分布间距不同时，两片转折墙的水平筋搭接恰好具备非接触搭接的有利条件，此时应"各就各位"分别与竖向分布筋绑扎固定，不应将其凑到一起做传力不佳的接触搭接。

关于<u>剪力墙双排、三排、四排配筋</u>：

1. 此种相应于墙厚设置多排配筋的布置方式，当为四排配筋时，有两种布置方式。一种为图示均匀分排布置方式，另一种为集中分层布置方式。集中分层布置方式，系将全部四排共八层钢筋，在墙两面分别集中布置四层。

2. 当钢筋混凝土构件受力时，发挥钢筋作用有近似"集肤效应[1]"，故除如芯柱等少数构件为满足特殊功能需要而将钢筋设置在构件内部者外，绝大多数构件的钢筋均集中设置靠外层面或边缘层面，以满足当构件通常外层面或边缘层面受力最大的需要。且通常情况下，构件外层面或边缘层面未被破坏，构件内部不会先期遭到破坏。当较厚时，多排钢筋集中分层布置，有优化集肤效应意义。

【原图】

11G101－1 第 69 页，剪力墙水平钢筋构造，翼墙与斜交翼墙：

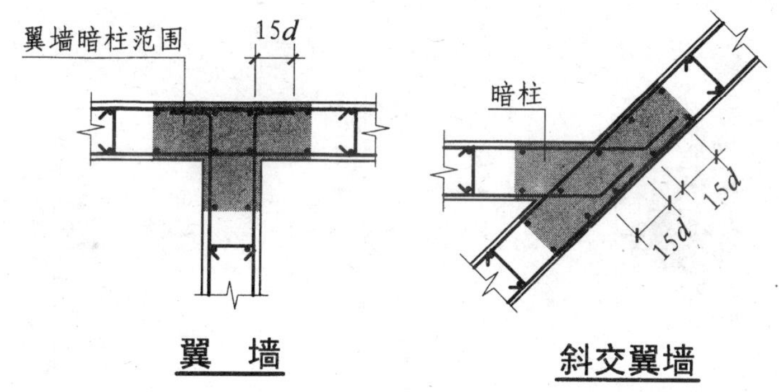

【解读】

1. 翼墙水平钢筋构造有两种，一种为图示情况，另一种为水平分布筋弯钩与翼墙外侧水平分布筋在同一钢筋层面。后

[1] 集肤效应系物理学揭示的普遍性规律之一。

者适用于当已将剪力墙翼墙暗柱钢筋绑扎好后，由于暗柱纵筋间距较小，无法将带有 15d 长弯钩的剪力墙水平筋放入图示翼墙暗柱内的，此时可从墙外将水平分布筋插入穿过暗柱钢筋，但弯钩只能位于翼墙水平分布筋同一层面。

2. 关于斜交翼墙做法，宜对斜向伸入翼墙的钢筋实行双控：斜向伸入的总长度为 l_{aE}（抗震）及 l_a（非抗震），同时钝角弯折后弯钩长度 15d，以应对该位置比较复杂的受力状况。

【原图】

11G101－1 第 69 页，端柱翼墙（一）、（二）、（三）：

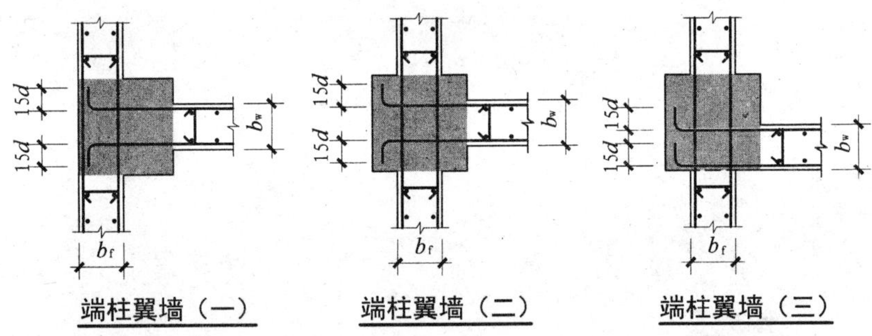

端柱翼墙（一）　端柱翼墙（二）　端柱翼墙（三）

【解读】

1. 端柱与暗柱的不同之处，在于端柱凸出墙体之外，其侧向刚度相对大于剪力墙身。剪力墙设置端柱后相当于带边框的墙，现行《混规》第 9.4.6 条第 5 款规定：“带边框的墙，水平和竖向分布钢筋宜分别贯穿柱、梁[1]或锚固在柱、梁内”。

2. 由于端柱与边框梁跟剪力墙身的不是支承与被支承关系（实际浇筑为一体），所以剪力墙水平分布筋锚固在端柱内或竖向分布筋锚固在边框梁内，不属于“支承型”刚性锚固，而属“关联型”[2]刚性锚固。

3. 对于关联型刚性锚固，仅需满足弯钩锚固规定即可。弯钩锚固的规定为包括15d弯钩在内的总长度为 0.6l_{ab}（非抗震）或 0.6l_{abE}（抗震），或直线锚固段取 0.4l_{ab}（非抗震）或 0.4l_{abE}（抗震）加 15d 弯钩，且应注意端柱与墙身实为一体，端柱不存在影响其受力变形的“柱中线”，不应盲目套用框架柱的柱中线概念，故不应盲目附加框架梁纵筋弯钩锚固时直线锚固段“过柱中线不小于 5d”的约束条件。

【原图】

11G101－1 第 69 页，端柱端部墙，水平变截面墙水平钢筋构

[1] 此处的“柱、梁”指端柱、边框梁。应注意端柱和边框梁跟剪力墙浇筑在一起，自身不可能独立受力变形，亦不存在独立的构件本体，属于“非独立构件”或称为“名义构件”，其与框架柱、框架梁有本质上的区别。

[2] “支承型”锚固基于支承与被支承关系，系被支承构件的纵筋锚入支承构件而不是相反；“关联型”锚固不存在支承与被支承关系，关联方可为独立构件或非独立构件，且通常为界面较小一侧纵筋锚入界面较大一侧之内。

造：

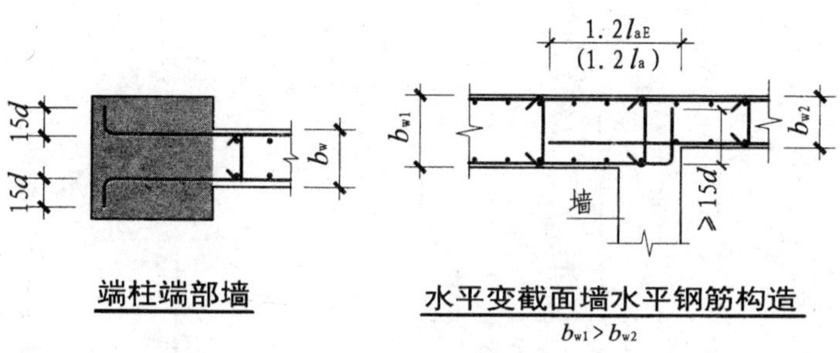

端柱端部墙

水平变截面墙水平钢筋构造

$b_{w1}>b_{w2}$

【解读】

1. 关于<u>端柱端部墙</u>：该图的图形语言为将剪力墙水平分布筋伸至端柱尽端，实际只要满足弯钩锚固规定，即可实现可靠的锚固；如认为应比弯钩锚固规定还要保守，即认为弯钩锚固规定不正确、不可靠，这显然不合逻辑。

2. 关于<u>水平变截面墙水平钢筋构造</u>：在专业文献中，不存在"水平变截面墙"的定义，该图实际表达"不同厚度翼墙水平钢筋连接构造"，应注意不同厚度翼墙水平分布筋的配置常有不同，此时两侧水平筋均需要连接。此外，当不同厚度翼墙水平分布筋配置相同时，除内侧钢筋采取100%非接触搭接外，还和采取1/6斜度弯折贯通方式。

【原图】

11G101－1 第69页，端柱转角墙（一）、（二）、（三）：

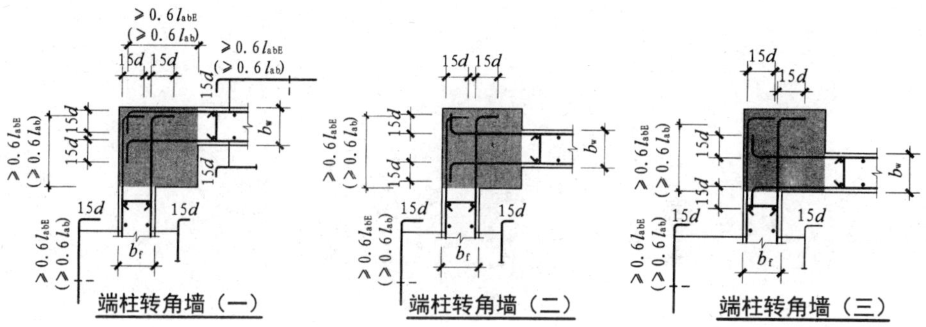

端柱转角墙（一） 端柱转角墙（二） 端柱转角墙（三）

【解读】

1. 图（一）所示剪力墙转角端柱外侧并未凸出墙面，其墙肢外侧水平筋的受力状态与无端柱(有转角暗柱)情况相同，故采用 11G101－1 第 68 页转角墙外侧水平筋构造即可。显然，该图关于外侧水平筋的附加条件"$0.6l_{abE}$（$0.6l_{ab}$）"为非必要条件。

2. 图（二）、（三）所示端柱未凸出墙面一侧 b_f 墙肢的墙外侧水平筋受力状态与端部有暗柱情况相同，故该墙肢外侧水平筋采用 11G101－1 第 68 页端部有暗柱水平筋构造即可。

3. 图（一）转角墙的内侧水平筋，图（二）端柱均凸出墙身的 b_w 墙肢内外两侧水平筋，图（三）端柱凸出墙身的 b_w 墙肢外侧水平筋，其受力状态基本相同，在端柱的锚固条件亦相同，其构造满足现行《规范》的弯钩锚固规定即可。

【原图注】

11G101－1 第 69 页，图注：

注：1. 当墙体水平钢筋伸入端柱的直锚长度≥ l_{aE}（l_a）时，可不必上下弯折，但必须伸至端柱对边竖向钢筋内侧位置。其他情况，墙体水平钢筋必须伸入端柱对边竖向钢筋内侧位置，然后弯折。

2. 括号内数字用于非抗震设计。

【解读】

1. 当墙体水平筋的直锚长度大于锚固长度不必采用弯钩锚固方式时，该页图注 1 要求"必须伸至对边竖向钢筋内侧位置"，现行《混规》中并无此类规定，故属于无原则加码，这里含有规范规定的锚固长度并不安全标准的暗示，这显然与规范的极限状态设计原则相悖。

2. 我国规范与美国规范关于锚固的基本定义相同，均为锚固力达到钢筋的屈服强度；而欧洲规范的锚固定义为相应于不同梯级的钢筋应力[1]计算锚固长度。当直线锚固满足锚固长度后，锚固钢筋即可满足设计强度要求（我国规范规定的普通钢筋的设计强度为屈服强度），此时无特殊条件的超出规范规定的无原则加长，易导致对规范非逻辑性多元解读。

[1] 例如未达屈服应力、屈服应力、屈服后的强化应力等，对应不同的锚固长度。

【原图】

11G101－1 第 70 页，剪力墙身竖向分布钢筋连接构造：

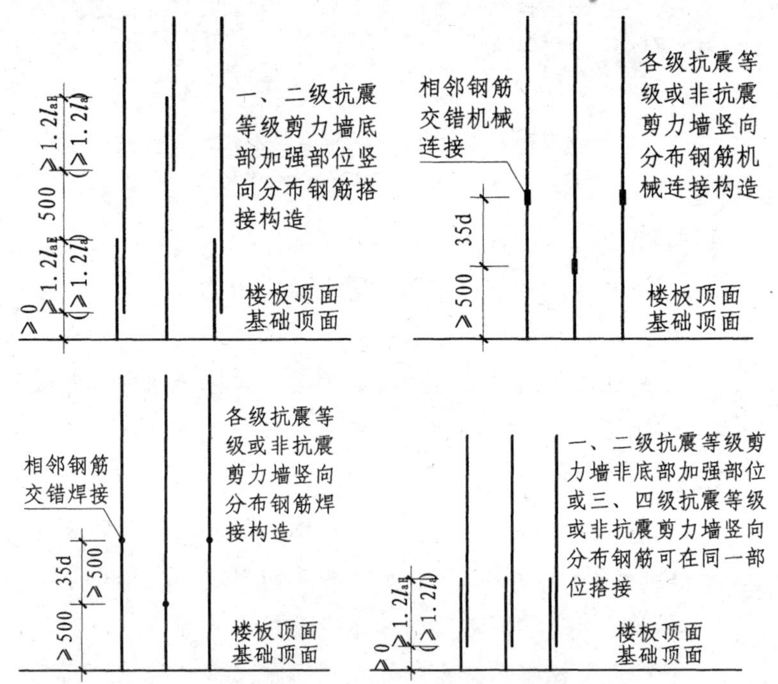

剪力墙身竖向分布钢筋连接构造

【解读】

1. 该图系从 03G101－1 第 48 页同名图复制，同时增加了剪力墙竖向分布筋焊接连接构造。对竖向分布筋的连接，03G101－1 有搭接连接和机械连接，但未设置焊接连接。03G101－1 创作时，考虑到剪力墙钢筋通常直径较小，小直径钢筋的对接焊效果较差，若采用搭接焊钢筋端部需现场微弯且不便双面搭焊，且竖向分布筋数量多难以控制焊接质量，故而不提倡采用焊接连接。剪力墙分布筋具有非接触搭接连接的布置条件，所以采用非接触搭接连接方式更方便施工，连接效果亦更好。

2. 当采用搭接连接时，应广泛理解搭接起点≥0 的含义。剪力墙竖向分布筋与柱纵筋搭接位置有几点显著不同：其一，柱纵筋搭接区域在各层中部，剪力墙竖向分布筋搭接区域不受楼层限制；其二，框架柱纵筋搭接范围通常在梁柱节点以外（抗震时应在柱端箍筋加密区以外），剪力墙竖向分布筋搭接范围则无此限制，即楼板可位于在搭接范围高度之内。

3. 抗震设计的框架柱直接抵抗地震横向力，而框架梁随框架左右摆动以其自身变形间接消耗地震能量，梁柱节点是二者协同抗震的关键部位，因此，节点与其上下柱端及左右梁端均应箍筋加密区，且定为柱纵筋的非连接区；但抗震设计的剪力墙直接抵抗地震作用，但其所支承的楼板并不考虑其协助消耗地震能量，因此，板墙节点不是抗震剪力墙的特殊构造部位。

【原图】

11G101－1 第 70 页，剪力墙竖向钢筋顶部构造：

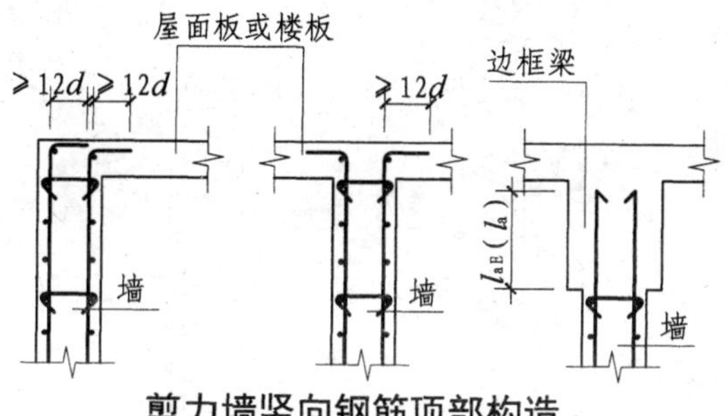

剪力墙竖向钢筋顶部构造

【解读】

1. 该图系从 03G101－1 第 48 页同名图复制，但将顶部弯钩长度改为构造长度 12*d*。弯钩长度的定义为：受力弯钩为 15*d*，构造弯钩为 12*d*（个别取 10*d* 但基础构件中多为 10*d*）。

2. 如前所述剪力墙边缘构件为非独立构件，其纵向钢筋仍属于剪力墙竖向钢筋。由于该图并未明确为剪力墙竖向分布筋顶部构造，因此，不仅适用于竖向分布筋，而且适用于边缘构件的竖向钢筋。但剪力墙边缘构件竖向钢筋的顶部构造，其弯钩应采用长 15*d* 的受力弯钩。

3. 当剪力墙设边框梁时，剪力墙竖向分布筋直线锚入边框梁

内 l_{aE}（抗震）或 l_a（非抗震），系按现行《混规》第 9.4.6 条第 5 款规定绘制。应注意该图构造对剪力墙边缘构件的纵向钢筋顶部不适用。

【原图】

11G101－1 第 70 页，剪力墙身竖向分布钢筋连接构造：

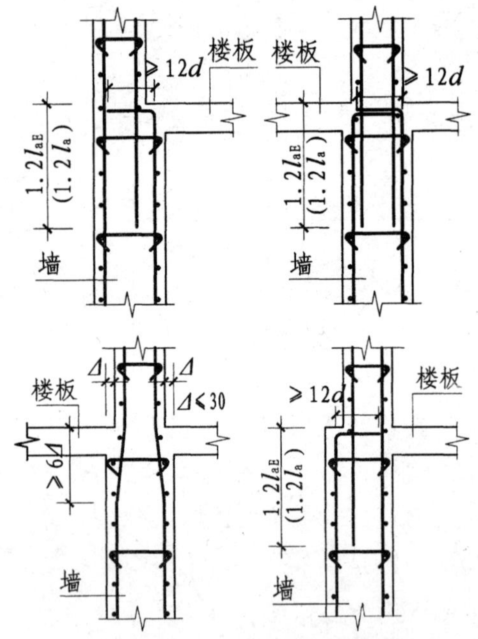

剪力墙变截面处竖向分布钢筋构造

【解读】

1. 该图上排两图及下排左图系从 03G101－1 第 48 页同名图复制，仅增加了下排右图。外墙向内缩减改变墙厚的情况，在主体结构中不多见，如用于主体结构与地下室结构的交接位置，则应注意下部墙体可能是钢筋混凝土墙而非剪力墙[1]。
2. 在变截面位置上层与下层墙的竖向分布筋，恰好具备了传力较好的非接触搭接条件，故此处虽为 100%搭接，但取 1.2 倍搭接长度能够满足受力需求。
3. 在变截面位置采用 1/6 斜度微弯折贯通的竖向分布筋，适用于上层与下层竖向分布筋配置相同的情况，且不受截面减小幅度大小限制。

【原图】

11G101－1 第 70 页，剪力墙竖向分布钢筋锚入连梁构造：

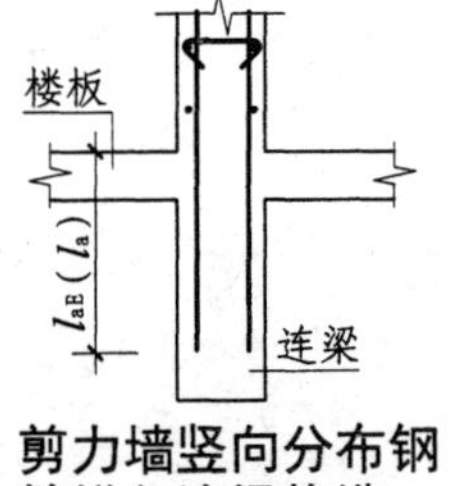

剪力墙竖向分布钢筋锚入连梁构造

【解读】

1. 正常设计的剪力墙，除墙顶连梁外，在楼层连梁的上方均应为洞口，且上下各层的洞口应对齐。如果取消连梁上方的洞口改为实墙，将造成剪力墙刚度突变且导致

[1] 主体结构的剪力墙墙肢长度不超过 8m，但地下室的钢筋混凝土墙体长度则无此限制，这是区别上部主体结构与地下室结构的主要特征之一。

相应的应变突变，其作用效应会突然加大，属设计不合理。

2. 正常设计的剪力墙连梁上方不存在剪力墙，只有框支梁上方才有剪力墙。故此图对正常剪力墙连梁设计概念有误导，偏离合理设计的构造在原创平法中则不予考虑。

【原图注】

11G101－1 第 70 页，图注：

注：1. 端柱、小墙肢的竖向钢筋与箍筋构造与框架柱相同。其中抗震竖向钢筋与箍筋构造详见本图集第57～62页，非抗震纵向钢筋构造与箍筋详见本图集第63～66页。

2. 本图集所指小墙肢为截面高度不大于截面厚度4倍的矩形截面独立墙肢。

3. 所有暗柱纵向钢筋绑扎搭接长度范围内的箍筋直径及间距要求见本图集第54页。

4. 纵向钢筋的连接应符合相关规范要求。

【解读】

1. 注 1 中"端柱、小墙肢的竖向钢筋与箍筋构造与框架柱相同"有误。《建筑抗震设计规范》GB 50010－2010 第 6.4.6 条规定"抗震墙的墙肢长度不大于墙厚的 3 倍时，应按柱的有关要求进行设计；矩形墙肢的厚度不大于 300 mm 时，尚宜全高加密箍筋"；第 6.5.1 条第 2 款规定"抗震墙底部加强部位的端柱和紧靠抗震墙洞口的端柱宜按柱箍筋加密的要求沿全高加密箍筋"。但在图集第 57~62 页中，没有满足上述抗震设计规范规定的构造和构造说明。

2. 端柱受力状态与框架柱分属弯曲型与剪切型不同类型，且在非加强部位楼层不存在柱净高 H_n 和柱截面高度 h_c（与剪力墙不可分），故端柱箍筋应在全层高采用同一间距。

【原图】

11G101－1 第 70 页，剪力墙双排、三排、四排配筋：

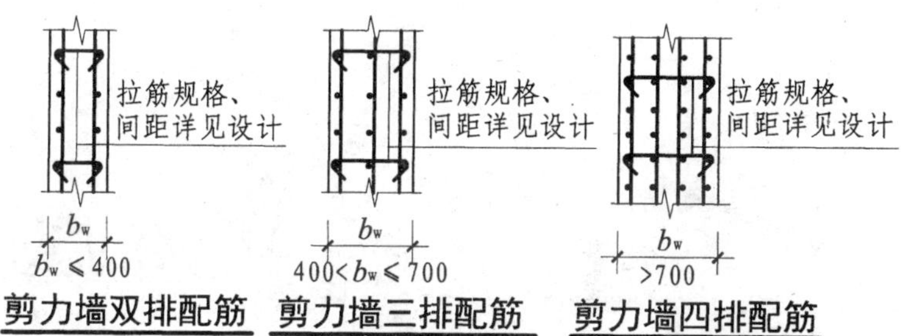

【解读】

1. 该图与 11G101－1 第 68 页同名图表达内容相同。

2. 详见对第 68 页同名图的解读。

【原图】

11G101－1 第 71 页，约束边缘构件 YBZ 构造：

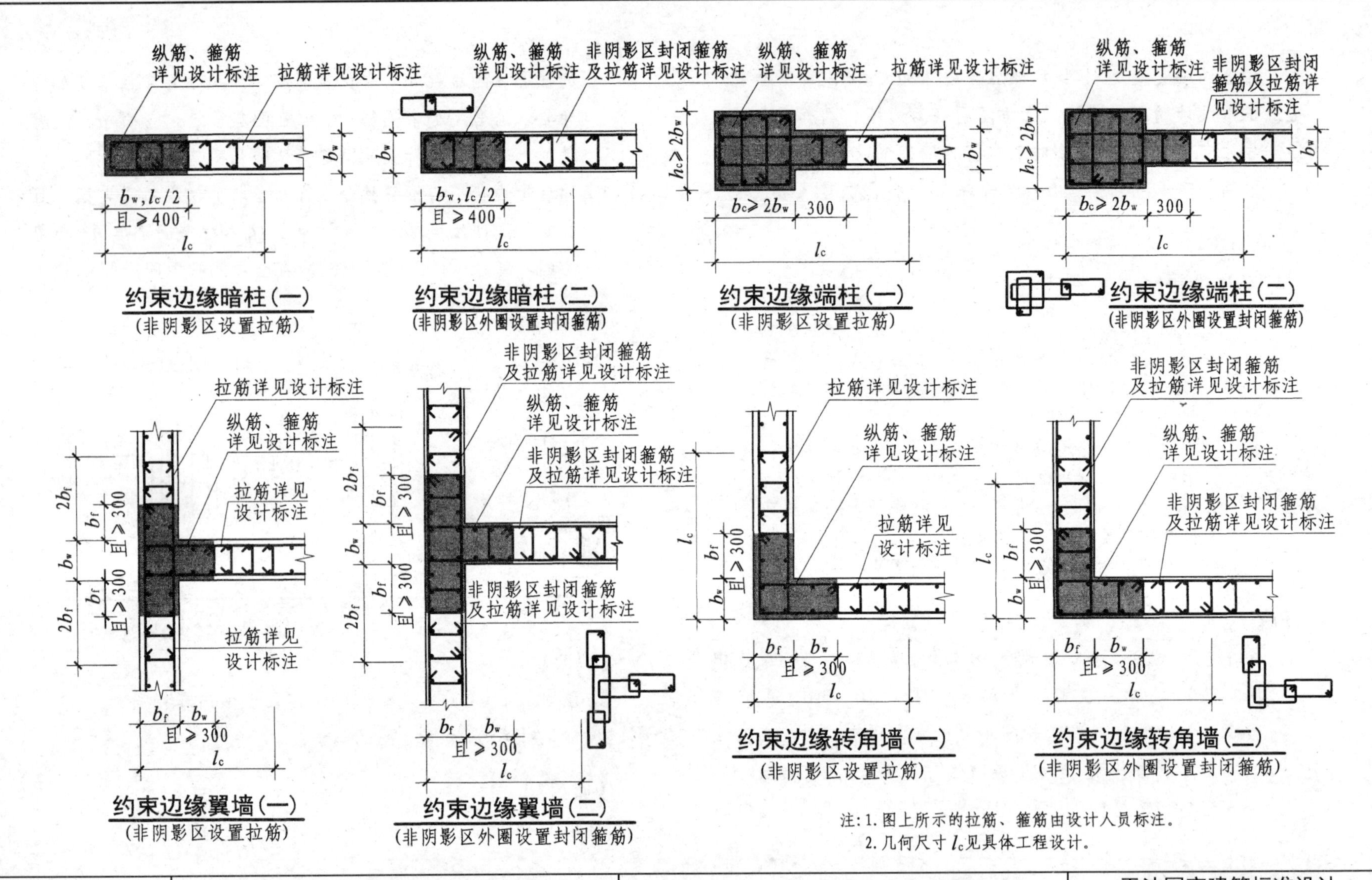

注：1. 图上所示的拉筋、箍筋由设计人员标注。

2. 几何尺寸 l_c 见具体工程设计。

【解读】

该页包括四种约束边缘构件，每种构件图（一）系从 03G101－1 第 49 页同名图复制，图（二）为在复制图上将非阴影区拉筋改为箍筋，解读如下：

关于“边缘”的定义：

1. 在往复水平地震作用下，剪力墙抵抗、消耗地震力的工作状态为在其平面内发生往复摆动（平面外方向的地震力由平面外方向设置的剪力墙抵抗、消耗）。这种往复摆动，即剪力墙平面内的弯曲型变形。
2. 当剪力墙发生弯曲型变形时，墙体两端边缘部位交替承受压力和拉力，且边缘处最大，至墙中部逐渐减小，过墙中线则压力与拉力互相转换。
3. 当剪力墙边缘部位往复承受最大压力和最大拉力时，为了保证不发生受压破坏和受拉破坏，需要加强剪力墙边缘部位的强度和刚度，为此需设置边缘构件。边缘构件的范围通常为墙肢长度 hw 的 1/10 至 1/4，即 $0.1h_w$ 至 $0.25h_w$，小于 $0.1h_w$ 或大于 $0.25h_w$ 则均不能充分发挥“边缘”部位的特殊作用。

关于约束边缘构件的阴影区与非阴影区：

1. 约束边缘构件的阴影区，为剪力墙边缘往复承受最大压力和最大拉力的核心部位。核心部位的范围和纵筋、箍筋，均按现行规范的相应规定配置。
2. 约束边缘构件的非阴影区为核心部位以外的扩展部位。该部位的纵筋，通常直接采用剪力墙的竖向分布筋（不需要另行计算配置），箍筋按$\lambda_v/2$ 配置。λ_v 为阴影部位的配箍特征值，该特征值与体积配箍率ρ_v、混凝土轴心抗压强度f_c、箍筋抗拉强度设计值 f_{yv} 相关（$\lambda_v = \rho_v f_{yv} / f_c$），当核心区与扩展区混凝土强度等级与箍筋牌号相同时，非阴影区箍筋按$\lambda_v/2$ 配置，即相当于按阴影区体积配箍率ρ_v 的 1/2 配置。
3. 对于非阴影区，可将剪力墙贯通该范围的水平分布筋和增设的拉筋合并计算体积配箍率。此时，当非阴影区纵筋按剪力墙竖向分布筋布置，且每对竖向分布筋均设置拉筋仍不能满足体积配箍率要求时，设计人可采取减小分布筋间距以相应增加拉筋的措施予以满足，也可采用将阴影区箍筋隔一扩一（扩展到非阴影区）的措施（或其他措施）予以满足。

关于约束边缘构件的设置条件：

1. 一、二、三级抗震等级的剪力墙，有相应的最低轴压比量值，该量值即设置构造边缘构件的最大轴压比；如若超过，则在底部加强部位及上一层的墙肢范围设置约束边缘构件；如未超过，则设置构造边缘构件。

2. 四级抗震等级的剪力墙仅相应设置构造边缘构件。

关于约束边缘暗柱（一）、约束边缘翼墙（一）、约束边缘转角墙（一）：

1. 图示约束边缘构件的控制尺寸，显然适用于墙肢长度不小于 8 倍墙厚的剪力墙，对于墙肢长度为 4 至 8 倍墙厚的短肢剪力墙则不完全适用。例如：当墙厚为 200 mm，墙肢长度为 1000 mm（5 倍墙厚）时，因边缘的合理范围不超过墙肢长度的 1/4 时仅为 250 mm，而图中要求暗柱阴影区的长度≥400 mm、翼墙和转角墙阴影区的长度≥(b_f+300 mm)，若硬性按图示设置，则 1000 mm 的墙肢两端各设置不小于 400 mm 的暗柱核心部位之后，墙肢中部的墙身仅余 200 mm，如果为翼墙或转角墙，墙身尺寸会更小，显然对短肢剪力墙不适用。
2. 图中 l_c 长度范围包括约束边缘构件的核心暗柱和扩展部位，两者有两方面的差别：其一，核心部位配筋按规范要求配置，箍筋应采用封闭箍；而扩展部位的纵筋和箍筋通常采用剪力墙身的竖向分布筋和水平分布筋加拉筋（体积配箍率满足$\lambda_v/2$）。其二，核心部位的范围应同时满足多控条件，扩展部位的范围为总长度 l_c 减去核心部位满足多控条件尺寸后的余值。
3. 约束边缘暗柱（一）、翼墙（一）、转角墙（一）的箍筋配置特点，是在阴影区采用复合箍筋，在非阴影区采用剪力墙水平分布筋加拉筋。采用该方式，当非阴影区不能满足$\lambda_v/2$ 要求时，设计通常采用加密剪力墙竖向分布筋间距从而增加拉筋，或保持剪力墙竖向分布筋间距及相应拉筋不变，将阴影区箍筋隔道延伸至非阴影区等措施。
4. 约束边缘暗柱、翼墙、转角墙的截面形状明显不同，配筋方式也相应不同，按照平法制图规则编号规定应分别有不同的代号。如果按图示以 YBZ 一个代号简单地代表各种不同形状的边缘构件，如同将框架柱和框架梁统称为“框架构件”一样，将会给设计和施工造成不必要的麻烦。

关于约束边缘暗柱（二）、约束边缘翼墙（二）、约束边缘转角墙（二）：

1. 约束边缘暗柱（二）、翼墙（二）、转角墙（二）的箍筋配置特点，是阴影区和非阴影区联合采用复合箍，该方式为规范要求对框架－核心筒结构，一、二、三级抗震等级的核心筒角部墙体的边缘构件应采用的加强构造，亦即在约束边缘转角墙中采用。由于该图对暗柱、翼墙、转角墙均绘制了联合采用复合箍方式，则应注意当用于非核心筒剪力墙时，比较适合不再配置水平分布筋的短肢剪力墙，且非阴影区的体积配箍率可能过高（过多超出$\lambda_v/2$）。
2. 当设计采用约束边缘暗柱(二)、翼墙(二)、转角墙(二)

的箍筋配置方式，且又配置了剪力墙水平分布筋时，如果设计在计算非阴影区体积配箍率时，未将剪力墙水平分布筋计算在内，则可将水平分布筋伸入非阴影区箍住第二列纵筋，在墙体另一侧绕回（形成复合箍）。

关于约束边缘端柱（一）：

1. 约束边缘端柱（一）的配筋构造，与约束边缘暗柱等一样不完全适用于短肢剪力墙。
2. 由于约束边缘端柱在其阴影区内全部采用复合箍筋，且阴影部位凸出端柱尺寸为 300 mm，如果用于短肢剪力墙，则墙身部位过短，所配置的剪力墙水平分布筋按在端柱中的锚固构造，将出现锚固长度大于非锚固长度几倍的奇怪现象，为此，可将水平分布筋伸入非阴影区箍住第二列纵筋，在墙体另一侧绕回（形成全短肢剪力墙复合箍）。
3. 如果约束边缘端柱在计算体积配箍率时，已将剪力墙水平分布筋的截面面积计入（或部分计入），则不采取上款处理措施。

关于约束边缘端柱（二）：

1. 该图对约束边缘端柱的阴影区和非阴影区联合采用复合箍方式，比较适合不再配置水平分布筋的短肢剪力墙，应注意，带端柱的短肢剪力墙是否可按无端柱剪力墙墙肢长度为墙厚的 4~8 倍予以界定，规范中没有相应说明，业界亦尚未达成共识。
2. 该图所示将端柱阴影区和非阴影区联合配置复合箍，但未明确剪力墙水平分布筋与约束边缘端柱全长范围的关系。如果去除两端约束边缘端柱全长（$2l_c$） 后，墙身水平长度所余很少，此时若设计方面在计算体积配箍率时未将剪力墙水平分布筋的截面面积计入，则可将水平分布筋伸入非阴影区箍住第二列纵筋，在墙体另一侧绕回（形成全短肢剪力墙复合箍）。

【原图】

11G101－1 第 72 页，剪力墙水平钢筋计入约束边缘构件体积配箍率的构造做法：

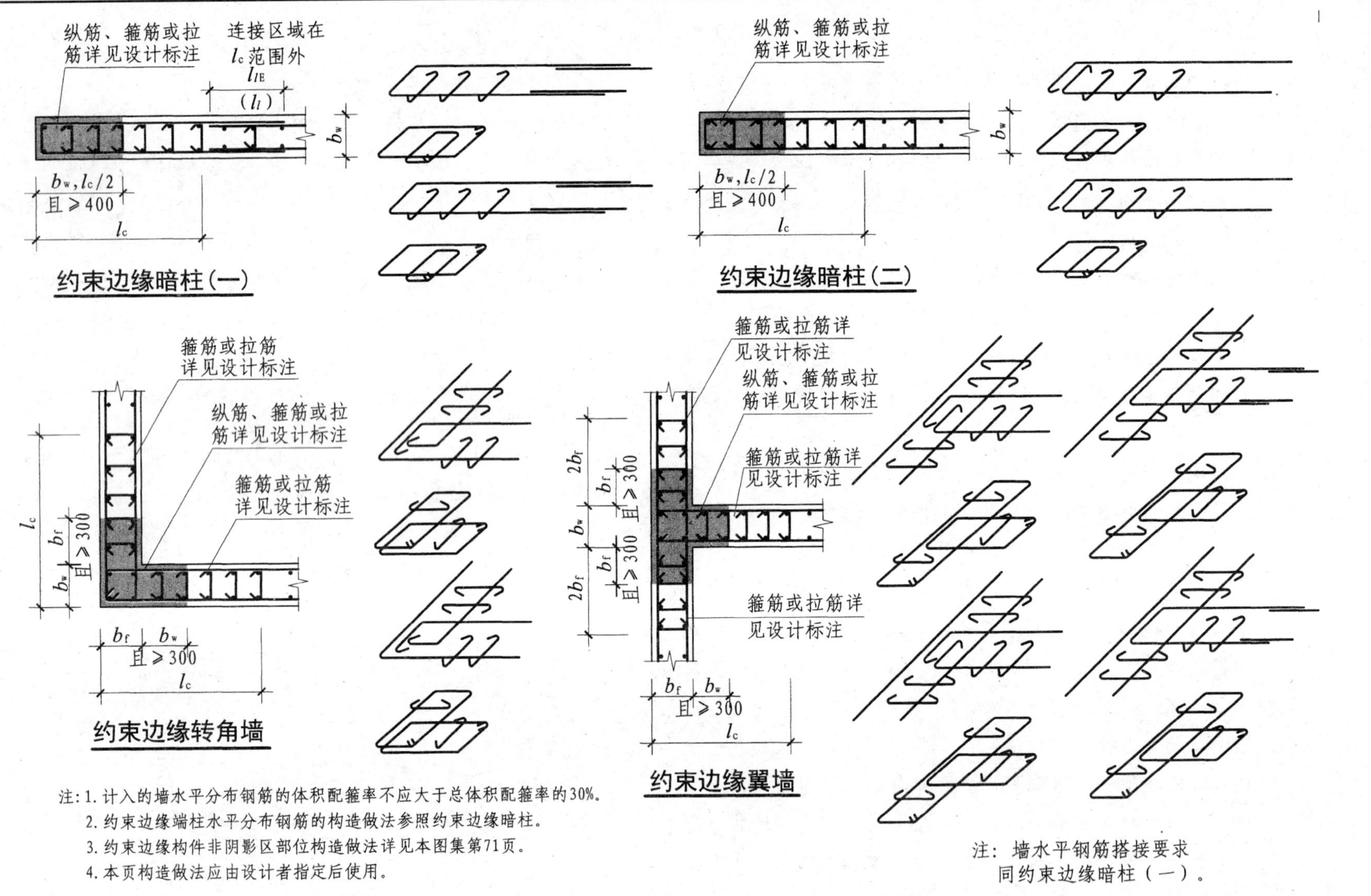

注：1. 计入的墙水平分布钢筋的体积配箍率不应大于总体积配箍率的30%。
2. 约束边缘端柱水平分布钢筋的构造做法参照约束边缘暗柱。
3. 约束边缘构件非阴影区部位构造做法详见本图集第71页。
4. 本页构造做法应由设计者指定后使用。

注：墙水平钢筋搭接要求同约束边缘暗柱（一）。

【解读】

1. 当地震引起剪力墙整体弯曲变形时(通常只有第 1 振型)，剪力墙边缘部位反复承受压力与拉力。在边缘构件范围设置箍筋并控制剪力墙边缘构件箍筋的体积配箍率，其主要功能是提高剪力墙边缘部位的抗压强度，近似于为提高柱的抗压强度而配置柱箍筋所发挥的等效三向受压功效。
2. 设置剪力墙水平分布筋，其主要功能是抵抗地震作用对剪力墙产生的横向剪力。
3. 边缘构件的箍筋与剪力墙水平分布筋各自的功能不同，但可互补。现行《混规》第 11.7.18 条规定，计算约束边缘构件的体积配箍率时“可适当计入满足构造要求且在墙端有可靠锚固的水平分布钢筋的截面面积”。规范并未明确计入多大比例，具体情况由设计者掌握。
4. 通常对上述规范规定的理解是，当可利用的钢筋在端部有可靠锚固时，仅利用钢筋在锚固范围以外部分比较稳妥，故剪力墙水平分布筋多在约束边缘构件非阴影区参与计算该区的体积配箍率（满足$\lambda_v/2$），但规范并未限定仅在非阴影区计入。
5. 当在约束边缘构件阴影区的体积配箍率计入剪力墙水平分布筋时，水平分布筋在端部向两侧弯钩的方式似乎不如相对弯钩或连续弯折贯通更适合发挥类似箍筋作用。但实际情况究竟如何，尚待深入研究。

【原图】

11G101－1 第 73 页，构造边缘构件 GBZ、扶壁柱 FBZ、非边缘暗柱 AZ 构造，剪力墙边缘构件纵向钢筋连接构造，剪力墙上起约束边缘构件纵筋构造：

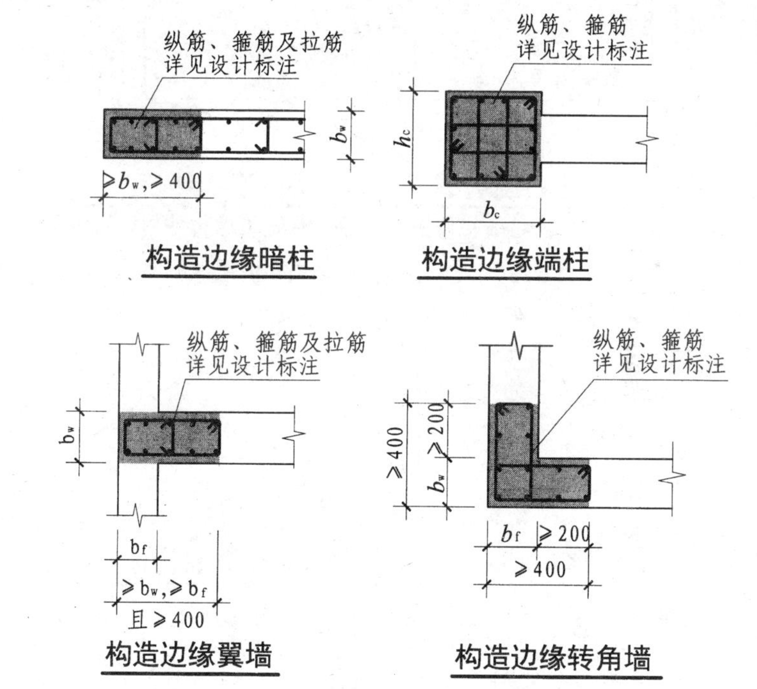

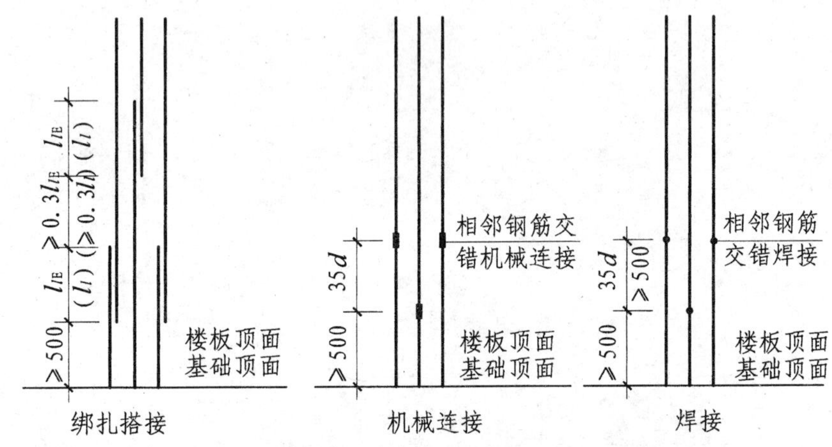

剪力墙边缘构件纵向钢筋连接构造

适用于约束边缘构件阴影部分和构造边缘构件的纵向钢筋

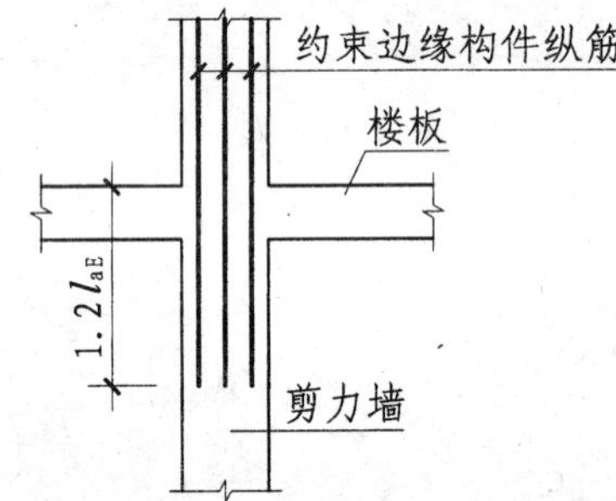

剪力墙上起约束边缘构件纵筋构造

注：1. 搭接长度范围内，约束边缘构件阴影部分、构造边缘构件、扶壁柱及非边缘暗柱的箍筋直径应不小于纵向搭接钢筋最大直径的0.25倍。箍筋间距不大于纵向搭接钢筋最小直径的5倍，且不大于100mm。

2. 括号内数字用于非抗震设计。

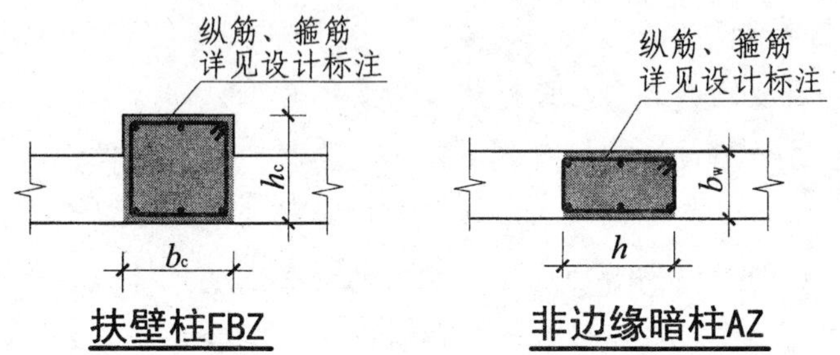

扶壁柱FBZ　　**非边缘暗柱AZ**

【解读】

该图除剪力墙上起约束边缘构件纵筋构造外，其他系从03G101－1第50页同名图复制。

关于构造边缘暗柱、翼墙、转角墙、端柱：

1. 与边缘构件解读类似，构造边缘构件适用于剪力墙，但当用于短肢剪力墙时，应避免“边缘”大于墙肢长度1/4，以准确应用“边缘”科学概念。
2. 当具体设计的剪力墙减去边缘构件后所余墙身长度很短，且配置水平分布筋时，施工应与设计者沟通，宜将其作合理变更。
3. 剪力墙竖向分布筋距离构造边缘构件角筋1/2分布筋间距开始设置，当为较低抗震等级时，亦可距离暗柱角筋一个分布筋间距。

关于剪力墙边缘构件纵向钢筋连接构造：

1. 剪力墙边缘构件纵向钢筋连接的基本原则，为相邻纵筋交错分两批连接，同一连接区连接钢筋截面积不大于50%。
2. 在地震作用或非地震作用下，剪力墙的受力变形机理与框架柱有显著区别，因此连接起点距离楼板顶面≥500 mm并非强制规定。研究分析表明当楼板位置横在纵筋搭接连接范围之内时，对纵筋的搭接连接强度有提高效果。

关于剪力墙上起约束边缘构件纵筋构造：

1. 抗震设计的剪力墙，要求刚度均匀，避免刚度突变引发应力突变影响结构安全。《高层建筑混凝土结构技术规程》JGJ3－2010第7.1.1条第3款明确要求：

   “3 门窗洞口宜上下对齐、成列布置，形成明确的墙肢和连梁；宜避免造成墙肢宽度相差悬殊的洞口设置；抗震设计时，一、二、三级剪力墙的底部加强部位不宜采用上下洞口不对齐的错洞墙，全高均不宜采用洞口局部重叠的叠合错洞墙。”
2. 剪力墙上起约束边缘构件，等同于在某层剪力墙上开洞，这样会造成刚度突变，突变程度比上下洞口不对齐的错洞墙还要严重，“剪力墙上起约束边缘构件纵筋构造”可导致剪力墙抗震设计出现失误。平法构造的设计原则之一是“科学合理，可靠实用，符合规范”，此类不合理构造不应纳入平法标准设计。
3. 结构的计算嵌固部位下方的地下室结构中的墙体，在科学概念上不属剪力墙范畴，因地下室结构嵌固在土层中，地震横向力在侧面土层中耗散，对地下室混凝土墙的横向冲击破坏大幅低于地上结构，故其墙肢长度不受限制（剪力墙肢长度有限制）。一片较长的地下室混凝土墙可承载多片地上结构的剪力墙，在混凝土墙体上锚固约束边缘构件不是“剪力墙上起约束边缘构件”，不应混淆科学概念。

关于扶壁柱FBZ、非边缘暗柱AZ：

1. 梁支承在剪力墙平面外，设计要求梁端与剪力墙刚性连接，梁纵筋需在墙内足强度锚固，但墙身厚度不能满足要求时，可增设扶壁柱；当墙身厚度满足要求时，或需增设暗柱。
2. 梁支承在剪力墙平面外，设计要求梁端与剪力墙半刚性连接，梁纵筋虽不需在墙内足强度锚固，但若考虑对墙体适当加强时，可设置非边缘暗柱。
3. 在扶壁柱和非边缘暗柱与剪力墙的重叠范围，墙水平分布筋照常穿过，但墙竖向分布筋不需与柱纵筋重叠设置，而在扶壁柱或暗柱外距柱边1/2分布间距接续设置。

【原图】

11G101－1第74页，连梁LL配筋构造，连梁、暗梁和边框梁侧面纵筋和拉筋构造：

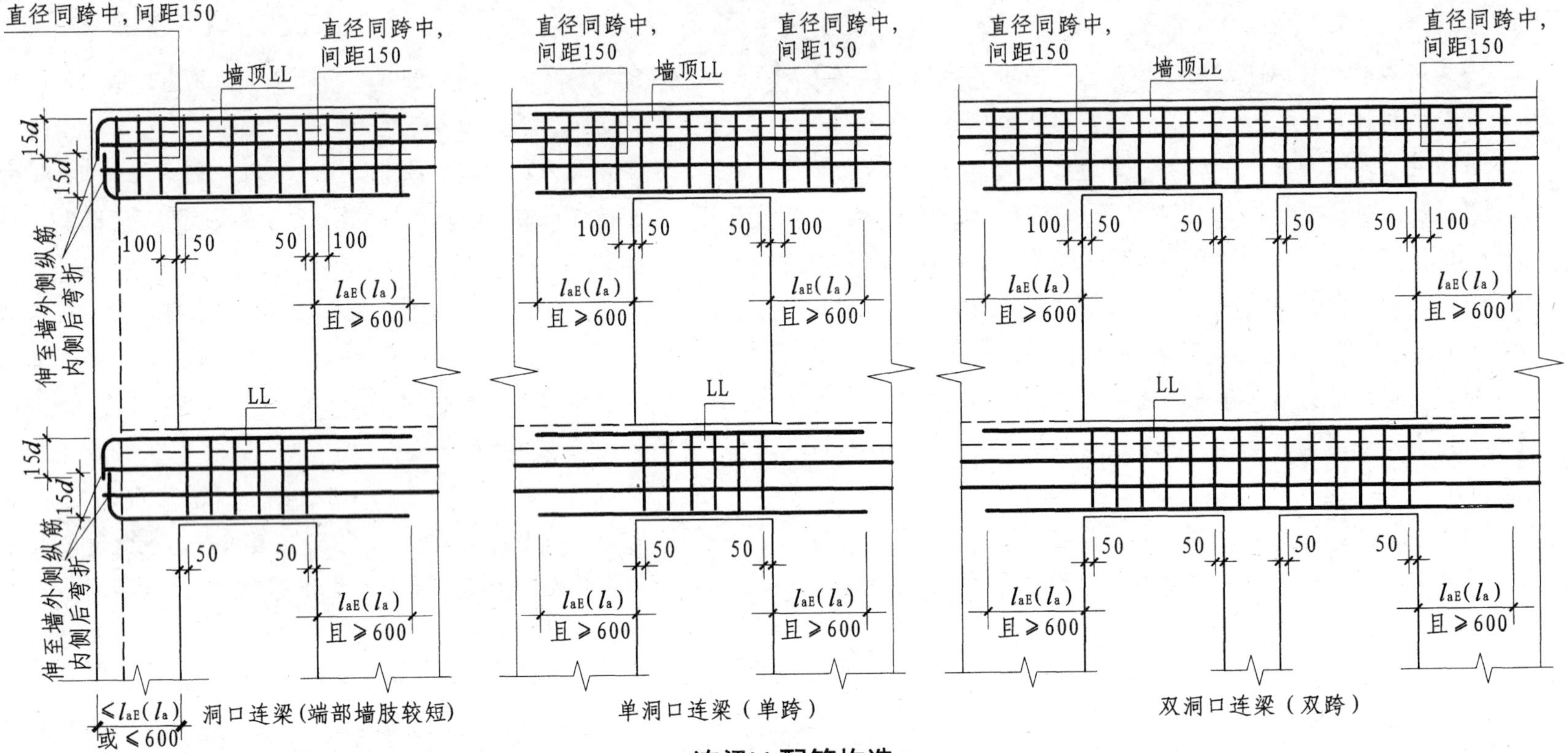

直径同跨中，间距150
直径同跨中，
间距150
墙顶LL
15d
15d
伸至墙外侧纵筋
内侧后弯折
100
50
50
100
l_{aE}(l_a)
且≥600
LL
≤l_{aE}(l_a)
或≤600
墙顶LL
LL

洞口连梁（端部墙肢较短）　　单洞口连梁（单跨）　　双洞口连梁（双跨）

连梁LL配筋构造

注：1. 括号内为非抗震设计时连梁纵筋锚固长度。

2. 当端部洞口连梁的纵向钢筋在端支座的直锚长度 ≥l_{aE}(l_a)且≥600时，可不必往上（下）弯折。

3. 洞口范围内的连梁箍筋详具体工程设计。

4. 连梁设有交叉斜筋、对角暗撑及集中对角斜筋的做法见本图集第76页。

剪力墙的竖向钢筋连续穿越边框梁和暗梁
LL
AL
BKL

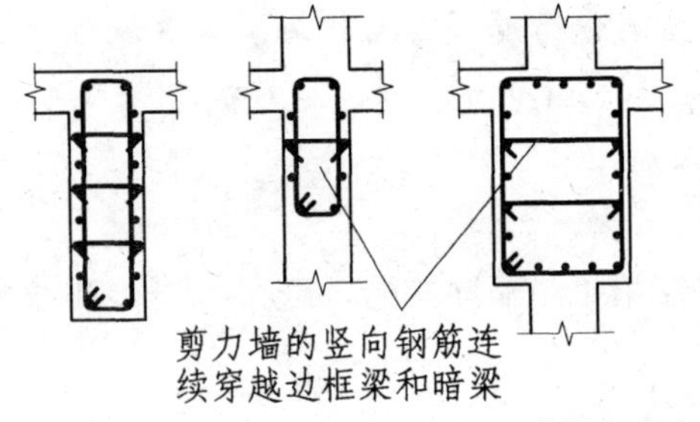

连梁、暗梁和边框梁侧面纵筋和拉筋构造

（侧面纵筋详见具体工程设计；拉筋直径：当梁宽≤350mm时为6mm，梁宽＞350mm时为8mm，拉筋间距为2倍箍筋间距，竖向沿侧面水平筋隔一拉一）

【解读】

11G101－1 第 74 页全图系从 03G101－1 第 51 页复制，解读如下：

关于连梁 LL 构造：

1. 平法将连梁分为“LL”和“墙顶 LL”，而不按传统方式分为“楼层连梁”和“屋面连梁”。依据之一，为 LL 顶面可在楼层标高，但也可在层间某高度，称其为楼层 LL 不准确；依据之二，为墙顶 LL 顶面可在屋面，也可在某楼层，也可高出主楼屋面（在塔楼），如称其为屋面 LL 不准确。
2. 墙顶 LL 与 LL 纵筋在剪力墙内的锚固要求完全相同，但墙顶 LL 应在纵筋锚固长度设置箍筋，该箍筋的功能不是抵抗剪力，而是为墙顶 LL 上部锚固纵筋施加约束（因其上保护层太薄无法达到足强度锚固效果，且当遭受地震作用力时，连梁支座易遭破坏。）
3. 当墙顶 LL 截面较高（跨高比较小）时，在墙顶 LL 锚固支座内设置的箍筋高度取 1/2~1/3 连梁高度且不小于 2 倍墙厚即可实现约束墙顶连梁上部纵筋的功能要求（墙顶 LL 下部纵筋同 LL 下部纵筋一样在支座内不需要箍筋约束），可不必设置与连梁本体同高箍筋，以实现科学用钢。
4. 剪力墙与连梁系支承与被支承关系，在锚固节点，剪力墙是节点主体，连梁是节点客体，节点客体与主体进行刚性连接。据平法构造原理，作为节点主体的剪力墙（此处为剪力墙边缘构件[1]），其纵筋和箍筋应在节点内连续设置，不可中断，且当纵筋长度不足时可以连接，但属连接而非锚固概念。作为节点客体的连梁与剪力墙应实现刚性连接，刚性连接须满足纵筋足强度锚固条件。
5. 由于连梁与剪力墙节点为等宽度节点，需将钢筋合理分层避免交叉钢筋发生同层面冲突，才可实现足强度锚固。通常情况下，剪力墙水平分布筋设在最外层，竖向分布筋设在第二层，故连梁纵筋应在第三层直锚入剪力墙；此时，箍住连梁纵筋的箍筋自然与剪力墙竖向分布筋同在第二层，且连梁侧面筋自然与剪力墙水平分布筋同在最外层，于是具备了剪力墙水平分布筋从墙身直线延续到连梁转为梁侧面纵筋的条件。这正是框架梁、非框架梁侧面筋设置在梁箍筋内侧，而剪力墙连梁侧面筋设置在梁箍筋外侧的原因。
6. 通常情况下剪力墙水平分布筋能够满足连梁侧面筋的设计要求，当具体设计的连梁侧面筋与剪力墙水平分布筋不同时（常见于跨高比不大于 2.5 的连梁），连梁侧面筋也应在连梁外侧延伸入剪力墙，并与剪力墙水平分布筋或暗柱

---

[1] 剪力墙边缘构件不可能脱离墙身独立变形受力，其为非独立构件或名义构件。非独立构件的实质是加强构造，如果将剪力墙边缘构件定义为边缘加强构造，可以避免构造概念发生混乱。

箍筋在同一钢筋层面进行搭接连接。

7. 剪力墙连梁根据跨高比和墙厚分为数种类型，其中较普遍采用的是跨高比>2.5 但≤5 仅配置纵筋与箍筋的连梁，11G101－1 第 74 页即为表达该类型连梁的构造。此类型连梁构造简单，施工方便。

8. 当前国内住宅建筑中跨高比>5 的连梁应用较为普遍。现行《高层建筑混凝土结构技术规程》第 7.1.3 条规定："跨高比不小于 5 的连梁宜按框架梁设计"。应注意此类型连梁按框架梁设计，是指梁本体按框架梁设计，不是支座锚固也按框架梁施工。因跨高比>5 的连梁由剪力墙或短肢剪力墙支承而不是由框架柱支承，虽然设计将其标注为框架梁（KL 及 WKL），但其与剪力墙相连仍然是连梁。即便是短肢剪力墙结构，在地震力作用下也仅有第一振型而无框架结构的高次振型，其受力变形机理与框架结构显著不同。因此，对跨高比>5 的连梁，梁纵筋在剪力墙或短肢剪力墙支座的锚固方式，当标注为 KL 时应按 LL 锚固；当标注为 WKL 时应按墙顶 LL 锚固，避免错误地采用框架顶层端节点梁柱外侧纵筋弯折搭接的复杂方式。

9. 当跨高比>5 的连梁端部的短肢剪力墙墙肢长度不能满足 LL 及屋面 LL 纵筋直锚要求时，即<l_{aE}（l_a）或<600 mm 时，原创 03G101－1 第 51 页同名图构造采用水平直锚段≥0.4l_{aE}（l_a）再加弯钩 15d 的刚性锚固方式；11G101－1 的同名构造为伸至短肢剪力墙对面纵筋内侧弯钩 15d。注意仿制版误将<l_{aE}（l_a）或<600 mm 标注为≤l_{aE}（l_a）或≤600 mm，因直锚满足 l_{aE}（l_a）或不小于 600 mm 时，不需要再设弯钩，其实该页图注 2 已注明这一点，而出现自相矛盾而已。

10. 采用双洞口连梁的条件是两洞之间的墙肢长度不大于 2 l_{aE}（2l_a）和 1200 mm，图示双洞口连梁构造采用了构造原理中的"能通则通"原则。

关于<u>连梁、暗梁和边框梁侧面纵筋和拉筋构造</u>：

1. 首先必须澄清的概念是，连梁是梁，但暗梁、边框梁均不是梁而是名义构件。因暗梁、边框梁无法独立工作，其实质是剪力墙中的水平加强构造。
2. 暗梁的主要功能，是当剪力墙抵抗地震破坏作用时避免发生纵向劈裂，为此，暗梁截面高度不宜大于墙厚的两倍，剪力墙一旦产生纵向裂缝延伸至暗梁时，暗梁中的较粗纵筋能够终止裂缝的开展。
3. 边框梁除具备与暗梁相同功能外，还具有为在平面外支承的梁提供满足刚性锚固的支座空间，以及边缘加强等功能。

【原图】

11G101－1 第 75 页，剪力墙 BKL 或 AL 与 LL 重叠时配筋构造：

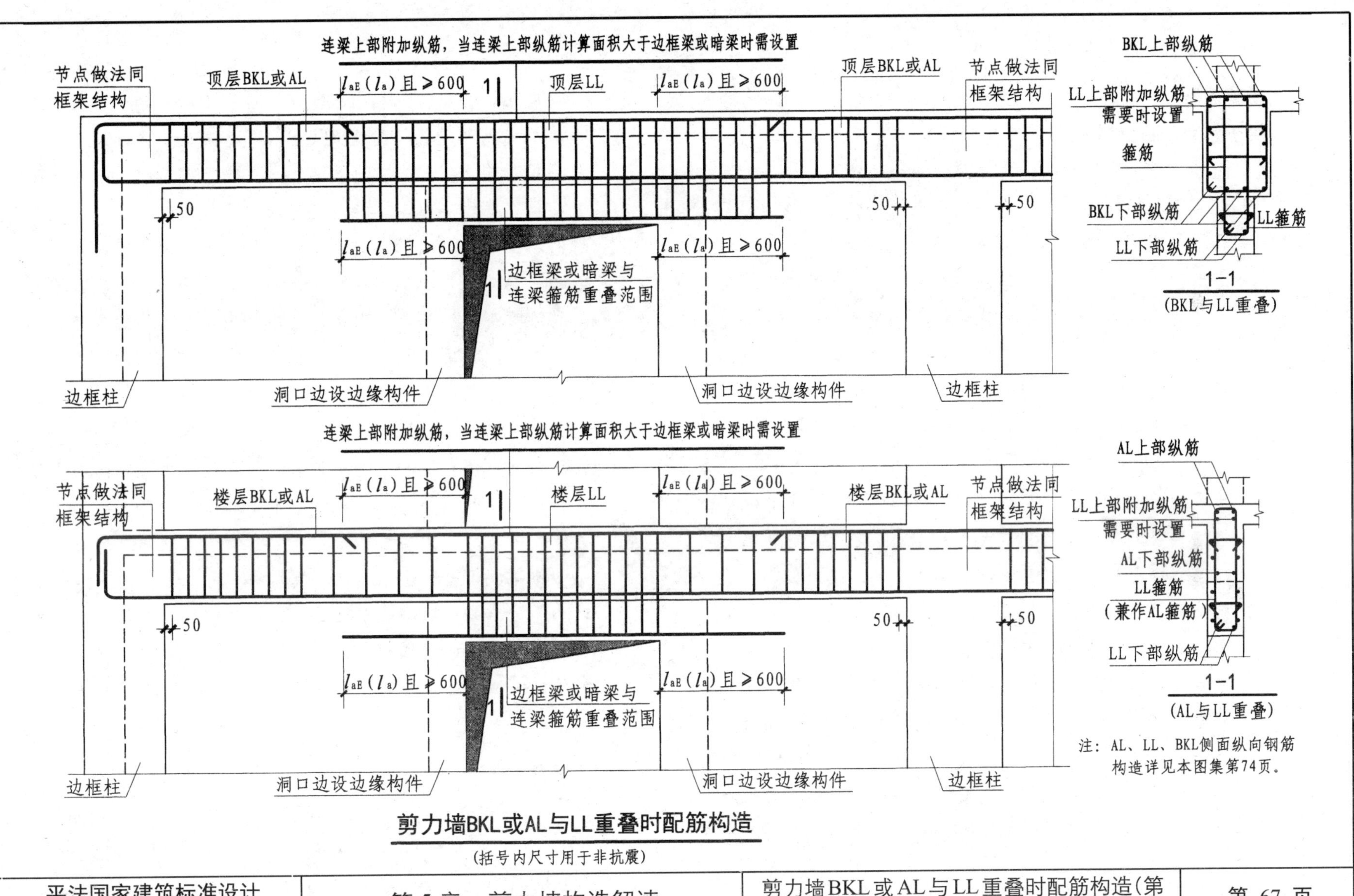

注：AL、LL、BKL侧面纵向钢筋构造详见本图集第74页。

剪力墙BKL或AL与LL重叠时配筋构造

（括号内尺寸用于非抗震）

【解读】

关于剪力墙暗梁与连梁：

1. 暗梁不是通常概念上的梁，通常概念的梁系受弯受剪或可能亦受扭的独立构件，而暗梁根本无法独立工作，其受力特征与通常概念的梁无共同之处，且暗梁纵筋端部无任何套用框架结构节点做法无任何科学依据，亦无任何必要。
2. 称其为暗梁，系因钢筋笼体外形上的原因：(1)暗梁含在剪力墙内，故谓“暗”；(2)有纵筋和箍筋并绑扎成杆状，故谓“梁”。但外形是现象而非本质，暗梁本质为剪力墙中的水平加强带，其功能主要是阻止剪力墙可能出现的纵向劈裂裂缝的继续延伸。
3. 暗梁的主要功能决定了其仅需在墙身中设置，不可能在剪力墙洞口上设置，因洞口之上为空间，不存在剪力墙上的纵向劈裂裂缝。设置在剪力墙洞口上的，是连接两片剪力墙使其协同工作的连梁。暗梁与连梁“各在其位，各司其职”，梁本体不可能出现重叠。
4. 当暗梁高度在连梁截面高度之内时，连梁纵筋锚固范围在剪力墙内，但概念上并不是伸入暗梁内与按梁重叠，当连梁纵筋与暗梁纵筋在同一层面时，可将二者进行协调配置。
5. 协调配置的方式，首先将连梁纵筋与暗梁纵筋选用相同牌号和相同直径，然后将连梁多于暗梁的纵筋截面面积在连梁内配足。应特别指出，(1)不存在图中所注的“连梁上部附加纵筋”定义，因连梁纵筋配置系满足力学计算的内力结果，暗梁纵筋不是满足力学计算结果而是构造配置（现有计算手段尚难以准确计算暗梁内力分布），连梁纵筋不存在图注的“附加”概念，“附加”的逻辑不通。
6. 由于连梁设计配筋形式趋于复杂，当设计未做协调配置时（连梁部分纵筋与暗梁纵筋选用相同牌号和相同直径），施工难以按图示构造改变连梁的纵筋配置，故该图关于施工几乎不具备可操作性。

关于剪力墙边框梁与连梁：

1. 边框梁也不是通常概念上的梁，边框梁跟暗梁一样均为非独立构件，实质为剪力墙中的水平加强带，其主要功能之一亦为阻止剪力墙可能出现的纵向劈裂裂缝的继续延伸。边框梁端部套用框架结构节点做法亦无任何科学依据。
2. 由于边框梁凸出墙身刚度变大，故对剪力墙边缘部位有加强作用。同时，因边框梁宽度大于墙厚，用做支承在墙平面的外梁支座，较易满足该类梁纵筋的刚性锚固条件。
3. 边框梁多在框剪结构、框筒结构中设置。

【原图】

11G101－1 第 76 页，连梁交叉斜筋配筋 LL（JX）、连梁集中对角斜筋配筋 LL（DX）、连梁对角暗撑配筋 LL（JC）构造：

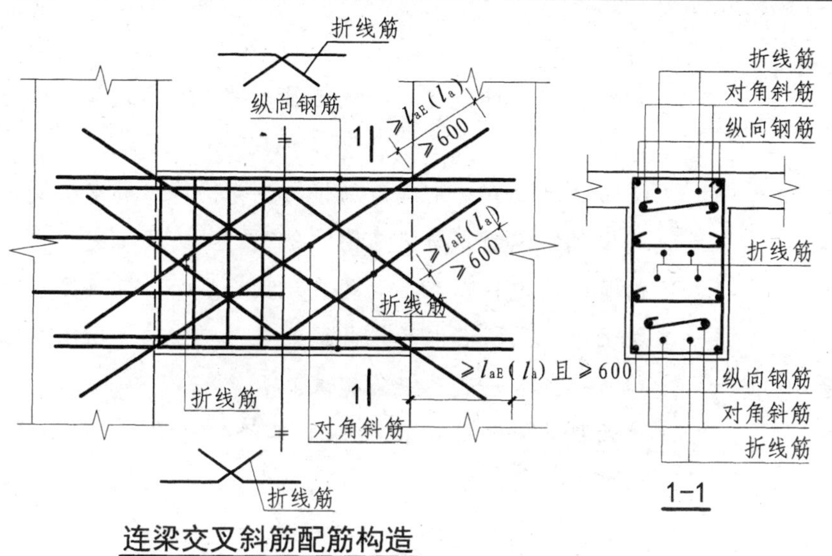

连梁交叉斜筋配筋构造

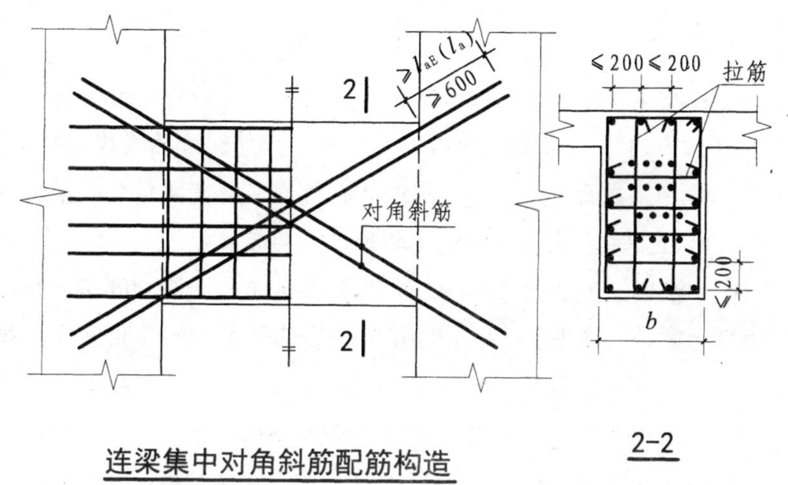

连梁集中对角斜筋配筋构造

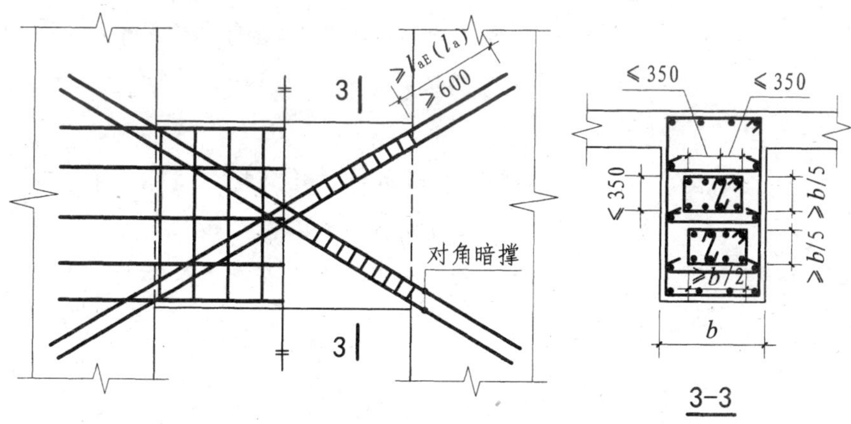

连梁对角暗撑配筋构造

用于筒中筒结构时，l_{aE}均取为$1.15l_a$

注：1. 当洞口连梁截面宽度不小于250mm时，可采用交叉斜筋配筋；当连梁截面宽度不小于400mm时，可采用集中对角斜筋配筋或对角暗撑配筋。

2. 交叉斜筋配筋连梁的对角斜筋在梁端部位应设置拉筋，具体值见设计标注。

3. 集中对角斜筋配筋连梁应在梁截面内沿水平方向及竖直方向设置双向拉筋，拉筋应勾住外侧纵向钢筋，间距不应大于200mm，直径不应小于8mm。

4. 对角暗撑配筋连梁中暗撑箍筋的外缘沿梁截面宽度方向不宜小于梁宽的一半，另一方向不宜小于梁宽的1/5；对角暗撑约束箍筋肢距不应大于350mm。

5. 交叉斜筋配筋连梁、对角暗撑配筋连梁的水平钢筋及箍筋形成的钢筋网之间应采用拉筋拉结，拉筋直径不宜小于6mm，间距不宜大于400mm。

【解读】

该图依据，为现行《混规》第 11.7.10 条增加的关于跨高比不大于 2.5 的连梁配置交叉斜筋、集中对角斜筋和对角暗撑的规定。其中，当连梁截面宽度不小于 250 mm 时，设置交叉斜筋；宽度不小于 400 mm 时，设置集中对角斜筋或对角暗撑。

关于跨高比不大于 2.5、梁宽分别≥250 mm 和≥400 mm 两个档次的连梁，《混规》第 11.7.10 条规定其受剪截面的验算要求相同，但斜截面受剪承载力的计算要求则不同。集中对角斜筋或对角暗撑配置的斜向钢筋显著增多，系为满足斜截面受剪承载力所需。

关于连梁集中对角斜筋配筋构造、连梁对角暗撑配筋构造：

1. “连梁集中对角斜筋配筋构造” 和“连梁对角暗撑配筋构造”图源自现行《混规》第 11.7.10 条，其中前者与规范该条图 11.7.10-2 相同，后者与图 11.7.10-3 相同，两图均适用于跨高比≤2.5、宽度≥400 mm 的连梁。
2. 该两图表达的连梁侧面纵筋将与剪力墙或边缘构件配筋发生冲突。剪力墙水平分布筋与边缘构件暗柱箍筋均设在最外层，第 2 层为剪力墙竖向分布筋与边缘构件纵筋。因此，连梁上部和下部的角部纵筋，只能设在第 3 层才能够直线锚入剪力墙，且连梁箍筋与设在剪力墙第 2 层的竖向分布筋在同一层面，连梁侧面筋自然应设在最外层（连梁箍筋的外侧）并与剪力墙水平分布筋及边缘构件暗柱箍筋在同一层面。这种合理划分钢筋层面的布筋方式是设计与施工常识。
3. 图示连梁上部和下部角筋将与边缘构件纵筋发生交叉冲突，连梁侧面纵筋亦与边缘构件纵筋发生交叉冲突。
4. 由于连梁内存在多层斜向交叉钢筋层面，导致复合箍筋绑扎困难，故截面内的复合箍可采用单肢箍（但图中拉筋与单肢箍混为一谈系概念有误）。
5. 这两种连梁配筋非常复杂，将其竖向分成双连梁或多连梁，仅配置纵筋和箍筋即可满足受力需要，且因双连梁或多连梁跨高比大于 2.5，其受力更为合理。

关于连梁交叉斜筋配筋构造

1. “连梁交叉斜筋配筋构造” 图源自现行《混规》第 11.7.10 条图 11.7.10-1 均适用于跨高比≤2.5、宽度≥250 mm 的连梁。
2. 与关于对角斜筋、对角暗撑解读第 2、3 条相同，该图表达的连梁外侧纵筋将与剪力墙竖向纵筋发生冲突。
3. 将该型连梁竖向分成双连梁或多连梁，配筋简单且受力更趋合理。

【原图】

11G101—1 第 77 页，地下室外墙 DWQ 钢筋构造：

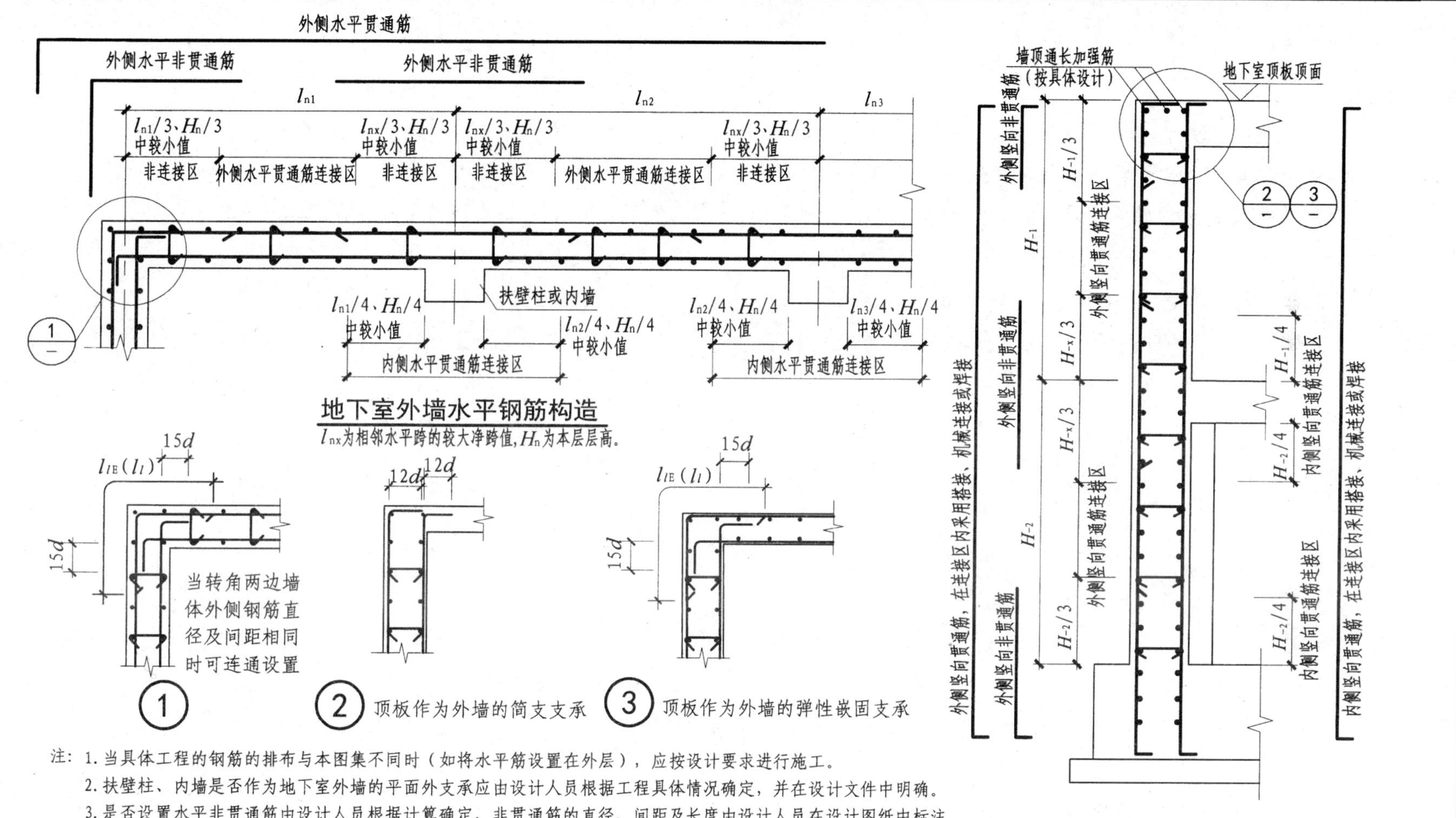

地下室外墙竖向钢筋构造

（H_{-x}为H_{-1}和H_{-2}的较大值）

注：1. 当具体工程的钢筋的排布与本图集不同时（如将水平筋设置在外层），应按设计要求进行施工。

2. 扶壁柱、内墙是否作为地下室外墙的平面外支承应由设计人员根据工程具体情况确定，并在设计文件中明确。

3. 是否设置水平非贯通筋由设计人员根据计算确定，非贯通筋的直径、间距及长度由设计人员在设计图纸中标注。

4. 当扶壁柱、内墙不作为地下室外墙的平面外支承时，水平贯通筋的连接区域不受限制。

5. 外墙和顶板的连接节点做法②、③的选用由设计人员在图纸中注明。

6. 地下室外墙与基础的连接见11G101-3《混凝土结构施工图平面整体表示方法制图规则和构造详图(独立基础、条形基础、筏形基础及桩基承台)》。

【解读】

关于地下室外墙水平钢筋构造：

1. 尺寸标注代号由通常采用英文单词“长度”的首字母与“何类长度”英文单词的首字母下标（或称脚标）组成。例如“长度”一词的英文单词为 length，首字母“l”即代表长度；若表示锚固长度，“锚固”一词的英文单词为 anchor，首字母 a 为下标则表示锚固，两字母组合 l_a 即代表锚固长度。同理，表示“净的”英文单词为 net，首字母 n 作 l 的下标组成 l_n 即为净跨长度。这是国际通用的代号规则。
2. 图中将代表地下室外墙净跨尺寸的 l_{n1}，l_{n2}、l_{n3} 错标在中线跨度尺寸线上（由于图中未表示中心线为轴线，故不能确定其为轴线跨度尺寸线）。该图图名下方的简注前半句“l_{nx} 为相邻水平跨的较大净跨值”与图示不符，后半句“H_n 为本层层高”也不准确，因下标 n 代表本层净高。
3. 平面外双向支承的外墙，在结构设计计算时通常将水平、竖向两个方向截面的有效计算高度取相同数值，即当外墙外侧一向纵筋在外层（或第 2 层）时，内侧同向纵筋则在第 2 层（或外层）。图示配筋设置是一向全在外层，另一向全在第 2 层，这样配筋将使两向纵筋的计算高度相差两个钢筋直径。

关于地下室外墙竖向钢筋构造：

1. 图中缺少表示净高尺寸的 H_n 标注，缺少与水平钢筋构造图名下所注代号相应的几何要素。
2. 地下室楼层板通常较厚，并与墙体刚性或半刚性连接，由此在板端部支座上部产生不应忽视的负弯矩，该负弯矩将影响外墙外侧在此楼层处的竖向负弯矩上小下大，又因外墙承受向内土压力为下层大于上层，两种因素叠加，应将外墙外侧竖向贯通筋的非连接区下移才符合内力分布规律。显然 11G101—1 未能达到这个深度。
3. 节点构造②注明为“简支支承”方式不严谨，在计算混凝土构件时可假定支座为简支，但实际结构中不存在简支（砌体结构中存在简支）。
4. 混凝土为弹性材料，混凝土结构的支承实际均为弹性。为区别支承刚度的强弱（被支承构件纵筋为足强度还是非足强度锚固），在概念上将支承分为“刚性支承”和“半刚性支承”，并对应不同的纵筋锚固方式。结构理论中并无节点构造③注明的“弹性嵌固支承”定义，“弹性嵌固”究竟为刚性支承还是半刚性支承，应做而未做解释。

【原图】

11G101—1 第 78 页，剪力墙洞口补强构造：

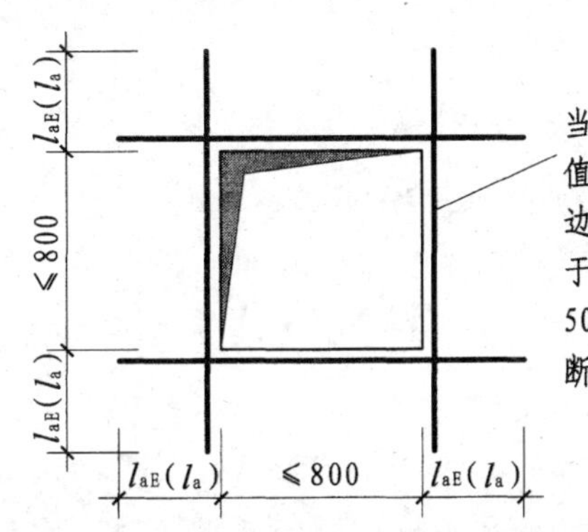

当设计注写补强纵筋时，按注写值补强；当设计未注写时，按每边配置两根直径不小于12且不小于同向被切断纵向钢筋总面积的50%补强。补强钢筋种类与被切断钢筋相同

矩形洞宽和洞高均不大于800时洞口补强纵筋构造

（括号内标注用于非抗震）

400
400
$l_{aE}(l_a)$ >800 $l_{aE}(l_a)$

洞口上下补强暗梁配筋按设计标注。当洞口上边或下边为剪力墙连梁时，不再重复设置补强暗梁。洞口竖向两侧设置剪力墙边缘构件，详见剪力墙墙柱设计

矩形洞宽和洞高均大于800时洞口补强暗梁构造

（括号内标注用于非抗震）

洞口每侧补强纵筋按设计注写值

$l_{aE}(l_a)$
D≤300
$l_{aE}(l_a)$
$l_{aE}(l_a)$ $l_{aE}(l_a)$

剪力墙圆形洞口直径不大于300时补强纵筋构造

（括号内标注用于非抗震）

洞口每侧补强纵筋与补强箍筋按设计注写值

200
≥h/3
h
D≤h/3
≥200
≥h/3
$l_{aE}(l_a)$ $l_{aE}(l_a)$

连梁中部圆形洞口补强钢筋构造

（圆形洞口预埋钢套管，括号内标注用于非抗震）

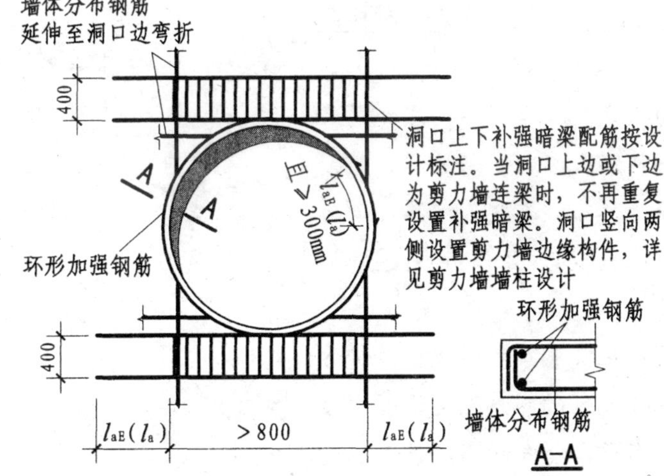

剪力墙圆形洞口直径大于800时补强纵筋构造

（括号内标注用于非抗震）

洞口每侧补强纵筋按设计注写值

$l_{aE}(l_a)$ $l_{aE}(l_a)$

剪力墙圆形洞口直径大于300且小于等于800时补强纵筋构造

（括号内标注用于非抗震）

【解读】

该页图6种构造中的5种系从原创03G101－1第53页复制。

关于剪力墙圆形洞口直径不大于300时补强纵筋构造：

1. 由于洞口直径较小，在原创平法08G101－5第46页已有较合理的弯曲贯通构造方式，且已通过业内专家的审查。采用该方式具有科学用钢意义。
2. 弯曲贯通方式与原创平法04G101－4第35页楼板开洞不大于300 mm的构造方式相同（构造原理相通），且该构造已复制在11G101－1仿制版第101页。

关于剪力墙圆形洞口直径大于300且小于或等于800时补强纵筋构造：

1. 因剪力墙水平与竖向分布筋为正交交叉，并占两层钢筋厚度空间，采用该六边形布筋补强形式，六根斜放补强钢筋又占两层钢筋厚度，补强钢筋实际布放在接近墙厚中部位置，经分析此种构造方式对洞口边缘的加强作用不太显著，且施工比较复杂。
2. 原创平法08G101－5第46页对该类洞口加强提出改进方案，在剪力墙上的直径大于300 mm的圆洞洞边设置焊接环形补强钢筋，剪力墙水平分布筋和竖向分布筋伸至洞边设弯钩勾住环形补强筋即可。该改进构造形式简单、施工方便且节省钢材。
3. 采用圆洞洞边设置焊接环形补强钢筋，亦有科学用钢意义。

关于连梁中部圆形洞口补强钢筋构造：

1. 该构造的特征是圆洞直径不大于1/3连梁截面高度，且位置在连梁中部，去除洞口后在洞口上下的高度不得小于连梁截面总高度的1/3。
2. 该洞口的横向位置虽未加标注，但图形语言已表明设置在连梁跨度中部。连梁功能为刚性连接两片剪力墙，在抵抗地震作用时协同变形，故其承受剪力较大，当洞口接近梁端部设置时应慎重，抑或采取补设带锚刺钢套管等加强措施。
3. 由于连梁跨高比通常小于框架梁或非框架梁，不可将该连梁中部圆形洞口补强钢筋构造用于框架梁或非框架梁上开洞。

第 6 章　梁构造解读

【梁构造特征提要】

梁是承受弯矩和剪力的构件，特殊情况下亦承受扭矩。通常在梁中同时存在弯矩和剪力，并各按其自身规律沿梁身分布。

在以支承与被支承为典型特征的“基础→柱→梁→板”构件链中，梁位于中间环节，即梁被柱支承且梁支承板；当有主次梁时，主梁被柱支承且其本身支承次梁，主次梁共同支承板。

支承与被支承关系，决定了两构件连接节点的归属：支承者为节点主体，被支承者为节点客体。

例如：在梁柱节点，柱为节点主体，梁为节点客体，梁客体与主体刚性连接，梁端部受拉纵筋应足强度在柱内锚固；多跨梁中间支座的受拉纵筋，则贯穿柱支座或足强度在柱内锚固。又如：在主次梁节点，主梁为节点主体，次梁为节点客体，次梁客体端部与主体半刚性连接，次梁端部纵筋可非足强度锚入主梁；多跨次梁中间支座的受拉纵筋，则贯穿主梁支座。再如：在梁板节点，梁为节点主体，板为节点客体，板客体端部与主体半刚性连接，板端部纵筋可非足强度锚入梁；多跨板中间支座的受拉纵筋，则贯穿梁支座。

框架梁端部受拉纵筋在框架柱内的刚性锚固方式，主要为直线锚固和弯钩锚固两种，每种方式均有相应的锚固条件。

非框架梁支座下部通常受压，确定下部纵筋的锚固长度应分两种不同情况：一种情况为梁配筋计算时未考虑受压钢筋的抗压强度（单筋计算方式），此时非框架梁支座下部纵筋锚固长度通常取 $12d$（d 为纵筋直径）；另一种情况为梁配筋计算时已考虑受压钢筋的抗压强度（双筋计算方式），此时受压纵筋的锚固长度可取受拉锚固长度的 0.7 倍。两种情况的前一种比较多见，故当设计未特别注明时则指未考虑受压钢筋抗压强度的情况。

抗震框架梁端上部与下部纵筋均为受拉纵筋；非抗震框架梁端上部纵筋为受拉纵筋，其下部纵筋通常也按受拉纵筋要求锚固。

无论结构抗震与否，非框架梁通常不考虑抗震。

根据支承与被支承关系确定节点主体与节点客体后，将出现宽主体节点、宽客体节点、等宽度节点三种形式。当为宽主体节点时，通常仅需梁纵筋锚入节点。本章主要为宽主体节点纵筋锚固构造。

梁在梁柱节点之外的构造，为梁本体构造。梁本体构造与节点构造均有相应构造规则，概念清晰时不易出错。工程界长期隐性存在的构造错误，为当梁端支座构件类型与构件链不符时（如框架梁支座应为框架柱但某端被剪力墙支承），应做而未做跨界构造修正。

【原图】

11G101-1 第79 页，抗震楼层框架梁KL 纵向钢筋构造：

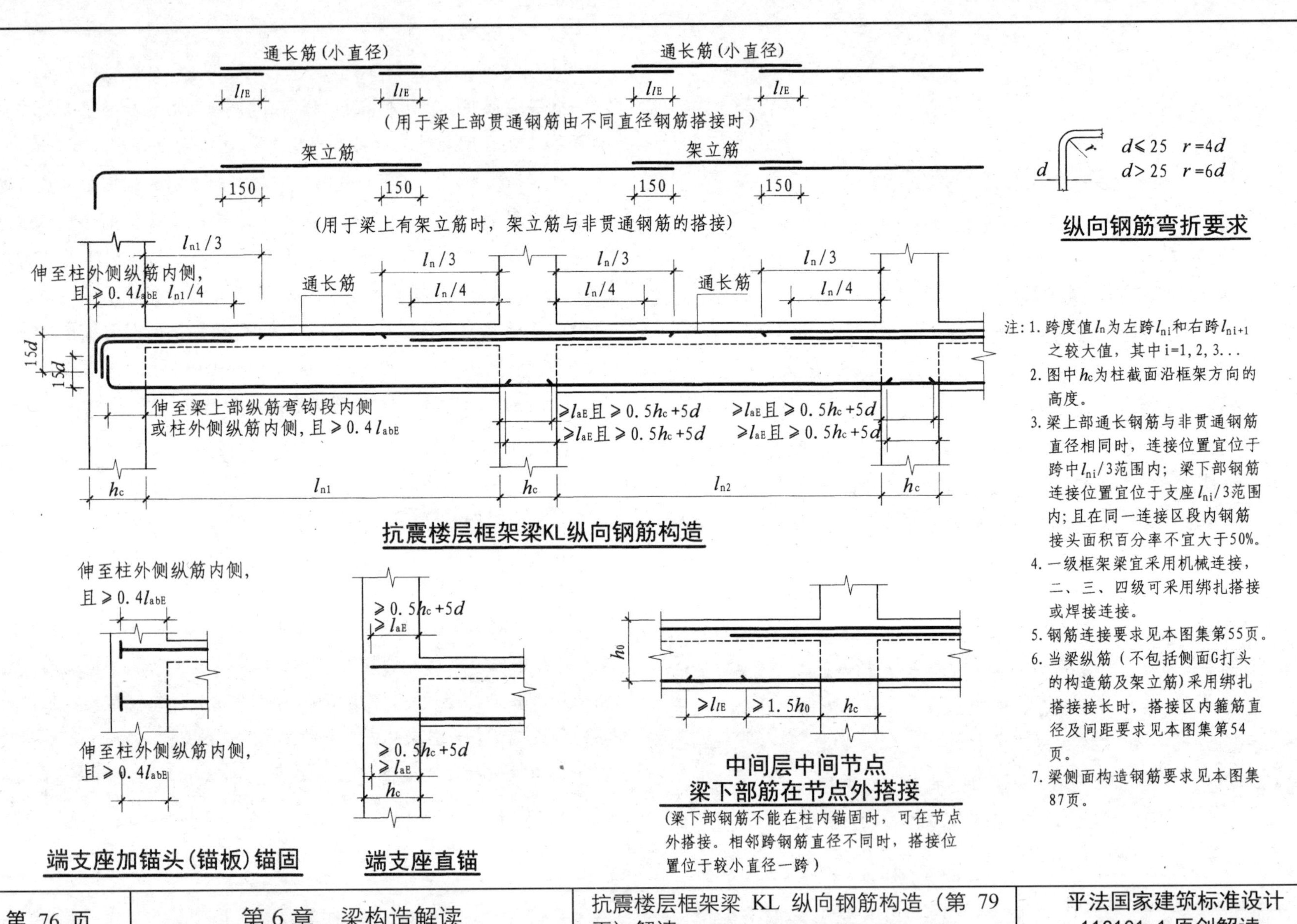

通长筋(小直径)
通长筋(小直径)
l_{lE}
(用于梁上部贯通钢筋由不同直径钢筋搭接时)
架立筋
架立筋
150
(用于梁上有架立筋时，架立筋与非贯通钢筋的搭接)
$d \leqslant 25$ $r=4d$
$d>25$ $r=6d$
纵向钢筋弯折要求
$l_{n1}/3$
$l_n/3$
$l_n/4$
伸至柱外侧纵筋内侧，且$\geqslant 0.4l_{abE}$
$l_{n1}/4$
通长筋
15d
伸至梁上部纵筋弯钩段内侧或柱外侧纵筋内侧，且$\geqslant 0.4l_{abE}$
$\geqslant l_{aE}$且$\geqslant 0.5h_c+5d$
h_c
l_{n1}
l_{n2}
抗震楼层框架梁KL纵向钢筋构造
注：1. 跨度值l_n为左跨l_{ni}和右跨l_{ni+1}之较大值，其中i=1, 2, 3...
2. 图中h_c为柱截面沿框架方向的高度。
3. 梁上部通长钢筋与非贯通钢筋直径相同时，连接位置宜位于跨中$l_{ni}/3$范围内；梁下部钢筋连接位置宜位于支座$l_{ni}/3$范围内；且在同一连接区段内钢筋接头面积百分率不宜大于50%。
4. 一级框架梁宜采用机械连接，二、三、四级可采用绑扎搭接或焊接连接。
5. 钢筋连接要求见本图集第55页。
6. 当梁纵筋（不包括侧面G打头的构造筋及架立筋）采用绑扎搭接接长时，搭接区内箍筋直径及间距要求见本图集第54页。
7. 梁侧面构造钢筋要求见本图集87页。
伸至柱外侧纵筋内侧，且$\geqslant 0.4l_{abE}$
$\geqslant 0.5h_c+5d$
$\geqslant l_{aE}$
h_c
h_0
$\geqslant l_{lE}$
$\geqslant 1.5h_0$
端支座加锚头(锚板)锚固
端支座直锚
中间层中间节点
梁下部筋在节点外搭接
(梁下部钢筋不能在柱内锚固时，可在节点外搭接。相邻跨钢筋直径不同时，搭接位置位于较小直径一跨)

【解读】

11G101-1第79页主图系从03G101－1第54页复制，解读如下：

关于抗震楼层框架梁 KL 纵向钢筋构造：

1. 梁上部非通长纵筋的延伸长度以 l_n 计算时，l_n 为左跨净跨值 l_{ni} 和右跨净跨值 l_{ni+1} 之较大值，其中 i =1，2，3…。按此取值方式，当不等跨框架小跨净跨值不大于大跨净跨值的 2/3 时，框架梁上部非通长筋需要贯通小跨。

2. 框架梁中间支座位置的弯矩，由左右两梁端和上下两柱端整体平衡，因此，当柱左右两边框架梁为大小跨时，大跨梁端支座负弯矩将大于小跨梁端，即左右两大小跨梁端支座负弯矩并不相等，梁上部非通长纵筋的延伸长度应大跨长于小跨。为此，具有科学用钢意义的梁上部非通长纵筋的延伸长度，可以 l_x 计算：l_x 的取值规定为：(1)当两相邻跨为等跨时，l_x 为其中一跨的净跨值；(2)当两相邻跨为不等跨时，大跨 l_x 取本跨净跨值，小跨 l_x 取两相邻跨净跨之和的平均值[即 $0.5(l_{ni}+l_{ni+1})$]。此取值规定为众多专家共识，已载入 08G101－5 相应构造规定。按此取值方式，当不等跨框架小跨净跨值不大于大跨净跨值的 1/2 时，框架梁上部非通长筋需要贯通小跨。

3. 框架梁上部纵筋应贯穿中柱。一、二、三级抗震等级框架梁贯通中柱的每根纵向钢筋直径，对矩形截面柱，不宜大于柱在该方向截面尺寸的 1/20；对圆形截面柱，不宜大于纵筋所在位置柱截面弦长的 1/20；当未满足时，宜将纵筋按等强等面积代换原则进行调整(可能需要设计出变更)。

4. 当抗震设防烈度为 9 度时，贯穿中柱的框架梁每根纵向钢筋直径，对矩形截面柱，不宜大于柱在该方向截面尺寸的 1/25；对圆形截面柱，不宜大于纵筋所在位置柱截面弦长的 1/25；当未满足时，宜将纵筋按等强等面积代换原则进行调整（按惯例需要设计出变更）。

5. 梁上部非通长筋与跨中通长筋可采用搭接、机械连接或对焊连接；当二者直径相同时，宜将两端部分纵筋延伸至跨中 $l_{ni}/3$ 范围通长连接。应注意梁上部跨中通长筋直径不大于非通长筋直径。

6. 当梁上部设架立筋时，架立筋与非通长纵筋的搭接长度为 150 mm，该搭接长度属于“构造搭接”长度，构造搭接长度不以纵筋传力大小作为取值依据。

7. 跨中通长纵筋与通长纵筋，或通长纵筋与非通长纵筋采用绑扎搭接，并按规范规定加密箍筋时，在两道正常配置的箍筋之间加密的那道箍筋不必采用全箍，仅需采用肢长在梁侧面钩住第二道纵筋的开口箍即可。其科学原理是对搭接钢筋进行横向筋加密，目的是提高混凝土对钢筋的粘结强度从而有效传力，采用短开口箍即能实现此功能。

8. 框架梁下部纵筋通常配置密集，纵筋之间通常为最小净距（不小于 25 mm 且不小于纵筋直径）。图示中柱支座两侧的梁下部纵筋相向在支座内锚固，相互填满了钢筋净距。锚固长度达到要求，但因混凝土无法完全包住钢筋，其粘结强度大幅降低，显然，这种接触性锚固方式不能达到足强度锚固效果。

关于端支座加锚头（锚板）锚固：

1. 梁端支座加锚头（锚板）锚固的构造要求，为“伸至柱外侧纵筋内侧，且≥$0.4l_{abE}$。”应着重指出的是，该锚固要求明显不符合机械锚固最低长度要求。
2. 现行《混凝土结构设计规范》GB 50010-2010 第 8.3.3 条规定：“当纵向受拉普通钢筋末端采用弯钩或机械锚固措施时，包括弯钩或锚固端头在内的锚固长度（投影长度）可取为基本锚固长度 l_{ab} 的 60%。”图中标注为 $0.4l_{abE}$ 显然大幅低于规定长度。
3. 框架梁纵筋要求与框架柱刚性连接，须在框架柱中足强度锚固，如果锚固长度不足基本锚固长度 l_{ab} 的 60%，则支座外的受拉纵筋不可能满足设计强度要求。如果认为锚固长度为基本锚固长度的 40%能够满足设计强度要求，应提供严格的试验数据，并以此否定规范第 8.3.3 条的规定。
4. 此图机械锚固的第二个问题是，未注明“螺栓锚头和焊接锚板的钢筋净距不宜小于 4d，否则应考虑群锚效应的不利影响”，这是现行《混规》中第 8.3.3 条中的要求。
5. 边框梁除具备与暗梁相同功能外，还具有为在平面外支承的梁提供满足刚性锚固的支座空间，以及边缘加强等功能。

关于端支座直锚与弯钩锚固：

1. 框架梁端支座的主要锚固方式，为直线锚固和弯钩锚固。直线锚固长度应≥l_{aE} 且过柱中线 5d，弯钩锚固直线段投影长度为≥$0.4l_{abE}$ 且过柱中线 5d 后弯钩 15d。
2. 弯钩锚固满足≥l_{aE} 且过柱中线 5d 时还要求继续“伸至柱外侧纵筋内侧”，查询由相关文章提到的依据，系若不尽力向柱外侧延伸，过柱中线 5d 后的弯钩将把节点拉裂，但文章没有试验数据且所画节点模型与实际框架节点不符。这种“科普”水准的文章可以以意识推测存在，但结构构造应基于科学试验数据。事实上，梁上部两排钢筋弯钩需要保持净距，梁下部纵筋弯钩也应与上部纵筋的弯钩保持净距，此时要求纵筋“伸至柱外侧纵筋内侧”实际做不到。

关于中间层中间节点梁下部纵筋节点外搭接：

采用该构造，应注意纵筋搭接接头百分率不大于 50%。此构造可免除梁下部纵筋接触性锚固存在锚固强度不足的安全隐患。

【原图】

11G101-1 第80 页，抗震屋面框架梁WKL 纵向钢筋构造：

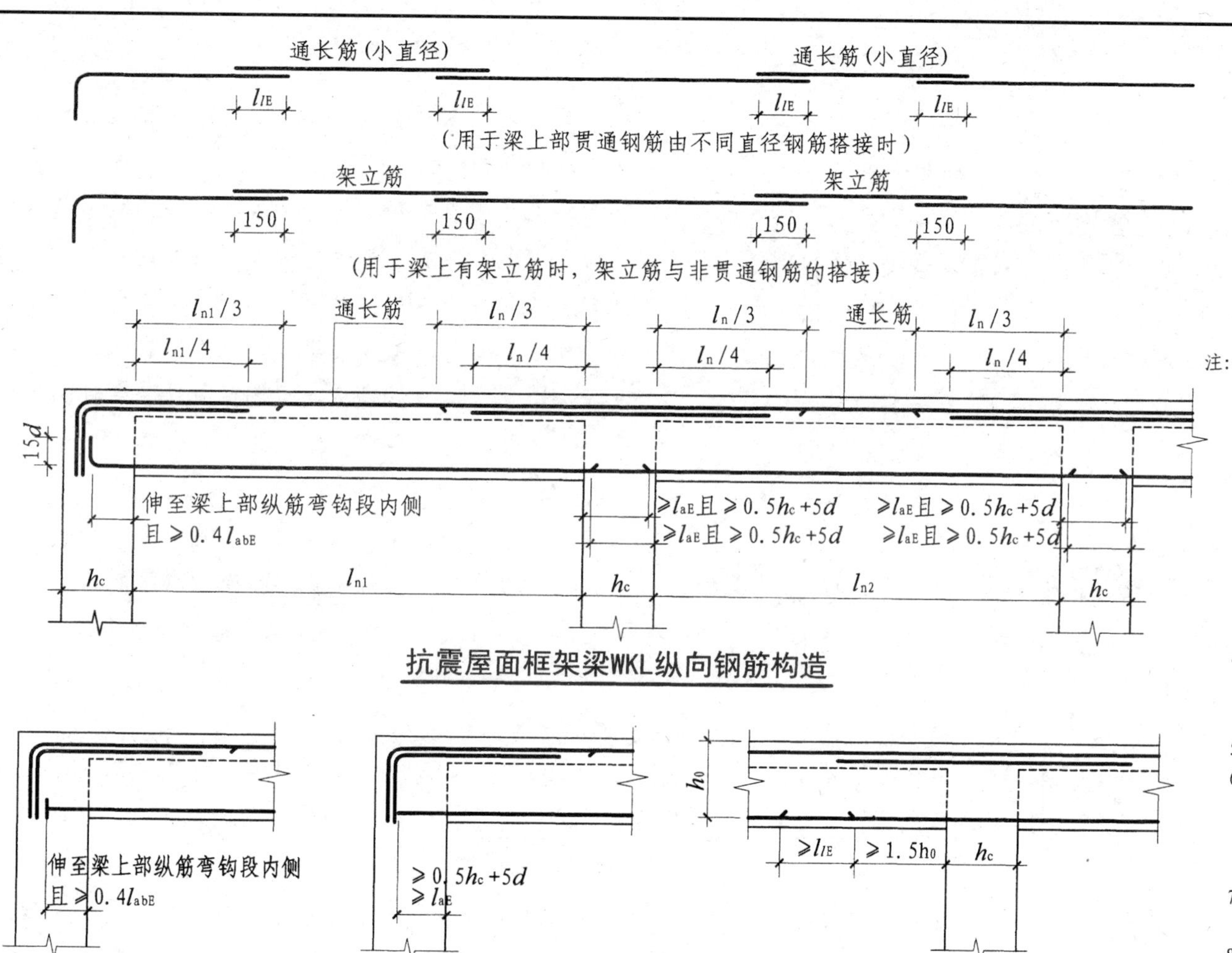

抗震屋面框架梁WKL纵向钢筋构造

$d \leqslant 25 \quad r=6d$

$d > 25 \quad r=8d$

纵向钢筋弯折要求

注：1. 跨度值l_n为左跨l_{ni}和右跨l_{ni+1}之较大值，其中i=1, 2, 3...

2. 图中h_c为柱截面沿框架方向的高度。

3. 梁上部通长钢筋与非贯通钢筋直径相同时，连接位置宜位于跨中l_{ni}/3范围内；梁下部钢筋连接位置宜位于支座l_{ni}/3范围内；且在同一连接区段内钢筋接头面积百分率不宜大于50%。

4. 一级框架梁宜采用机械连接，二、三、四级可采用绑扎搭接或焊接连接。

5. 钢筋连接要求见本图集第55页。

6. 当梁纵筋（不包括侧面G打头的构造筋及架立筋）采用绑扎搭接接长时，搭接区内箍筋直径及间距要求见本图集第54页。

7. 梁侧面构造钢筋要求见本图集87页。

8. 顶层端节点处梁上部钢筋与附加角部钢筋构造见本图集第59页。

顶层端节点梁下部钢筋端头加锚头(锚板)锚固

顶层端支座梁下部钢筋直锚

顶层中间节点梁下部筋在节点外搭接

(梁下部钢筋不能在柱内锚固时，可在节点外搭接。相邻跨钢筋直径不同时，搭接位置位于较小直径一跨)

【解读】

11G101-1 第80页系从03G101-1 第55页复制，解读如下：

关于抗震屋面框架梁 WKL 纵向钢筋构造：

1. 梁上部非通长纵筋的延伸长度，与抗震楼层框架梁 KL 纵向钢筋构造相同，也有以 l_n 计算和以 l_x 计算两种取值方式，且以 l_x 计算的取值方式合理程度较高，有科学用钢意义。
2. 梁上部非通长筋与跨中通长筋可采用搭接、机械连接或对焊连接；当二者直径相同时，宜将两端部分纵筋延伸至跨中 $l_{ni}/3$ 范围通长连接。应注意梁上部跨中通长筋直径不大于非通长筋直径。
3. 当梁上部设架立筋时，架立筋与非通长纵筋的搭接长度为 150 mm，该搭接长度属于“构造搭接”长度，搭接长度不以纵筋传力大小为取值依据。
4. 跨中通长纵筋与通长纵筋，或通长纵筋与非通长纵筋采用绑扎搭接，并按规范规定加密箍筋时，在两道正常配置的箍筋之间加密的那道箍筋，采用肢长在梁侧面钩住第二道纵筋的开口箍即可。
5. 框架梁下部纵筋在支座内为接触性锚固，应注意其存在粘结强度大幅降低，实际锚固力达不到预定目标的问题。

关于顶层端节点梁下部钢筋端头加锚头（锚板）锚固：

1. 该节点采用此机械锚固方式，与楼层框架梁端支座问题相同，均存在锚固长度要求不符合现行《混凝土结构设计规范》GB 50010—2010 第 8.3.3 条规定的问题。
2. 框架顶层端节点有两种构造方式，一种构造方式为梁端上部纵筋弯钩到梁底，框架边柱或角柱外侧纵筋与梁端上部纵筋弯折搭接 $1.5l_{abE}$；另一种构造方式为框架边柱或角柱外侧纵筋伸至柱顶截断，梁端上部纵筋弯钩与柱纵筋竖向搭接 $1.7l_{abE}$。两种构造方式该图仅表达了一种，与框架柱相应节点构造对应缺项。

关于顶层中间节点梁下部筋在节点外搭接：

1. 采用该构造，应注意纵筋搭接接头百分率不应大于 50%。此构造可免除梁下部纵筋接触性锚固存在的安全隐患。
2. 构造要求在梁箍筋加密区外搭接，箍筋加密区为 $1.5h$（梁高），将 $1.5h_0$（有效计算高度）标注为 $1.5h$ 可方便施工操作。

关于附加角部钢筋：

图注 8 要求顶层端节点附加角部钢筋，当边梁外侧与柱外侧齐平时，角区不存在大块素混凝土，此种情况附加角部钢筋不需设置。

关于跨界构造修正：

框架梁和屋面框架梁的某支座不是框架柱时，将该支座锚固构造和支座端本体构造修正为与该支座类型相应的构造。

【原图】

11G101-1 第81页，非抗震楼层框架梁 KL 纵向钢筋构造：

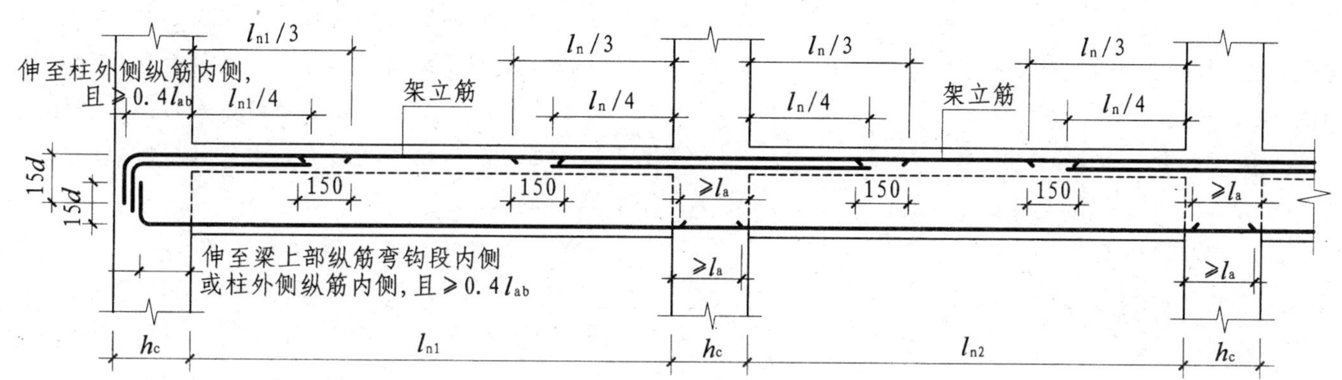

非抗震楼层框架梁KL纵向钢筋构造

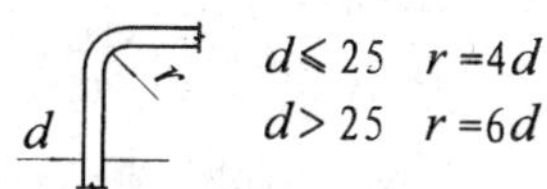

纵向钢筋弯折要求

注：1. 跨度值l_n为左跨l_{ni}和右跨l_{ni+1}之较大值，其中i=1，2，3...

2. 图中h_c为柱截面沿框架方向的高度。

3. 当梁上部有通长钢筋时，连接位置宜位于跨中$l_{ni}/3$范围内；梁下部钢筋连接位置宜位于支座$l_{ni}/3$范围内；且在同一连接区段内钢筋接头面积百分率不宜大于50%。

4. 钢筋连接要求见本图集第55页。

5. 当具体工程对框架梁下部纵筋在中间支座或边支座的锚固长度要求不同时，应由设计者指定。

6. 当梁纵筋（不包括侧面G打头的构造筋及架立筋）采用绑扎搭接接长时，搭接区内箍筋直径及间距要求见本图集第54页。

7. 梁侧面构造钢筋要求见本图集第87页。

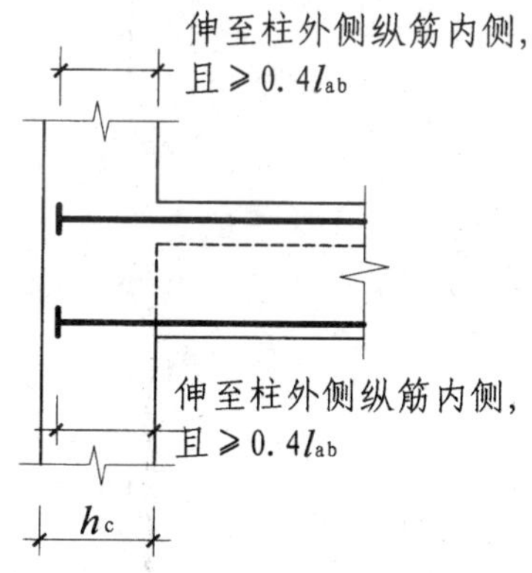

端支座加锚头（锚板）锚固

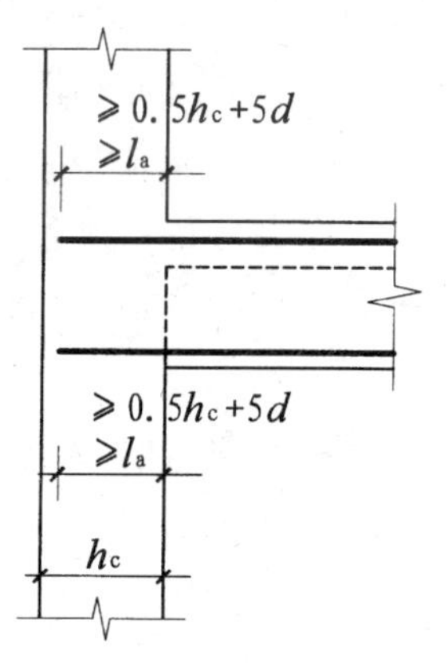

端支座直锚

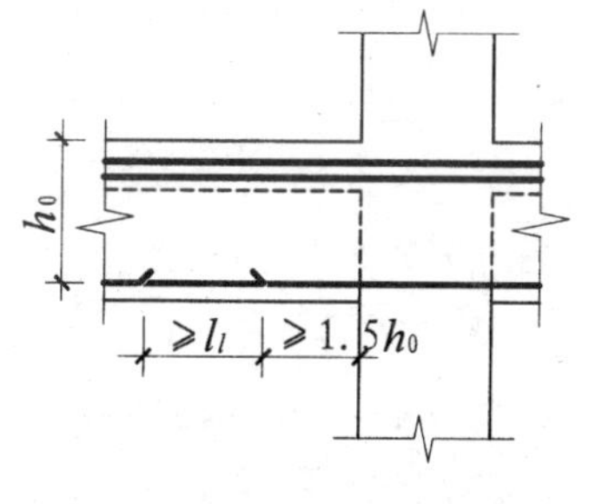

中间层中间节点
梁下部筋在节点外搭接

（梁下部钢筋不能在柱内锚固时，可在节点外搭接。相邻跨钢筋直径不同时，搭接位置位于较小直径一跨）

【解读】

11G101-1第81页主图系从03G101-1第57页复制，解读如下：关于非抗震楼层框架梁KL纵向钢筋构造：

1. 梁上部非贯通纵筋的延伸长度，有以 l_n 计算和以 l_x 计算两种取值方式。当以 l_x 计算时，l_x 为大跨一侧按大跨梁净跨值取值，小跨一侧按大小跨的平均净跨值取值。显然，以 l_x 的取值方式合理程度较高，有科学用钢意义。
2. 非抗震框架的梁上部跨中通常超过 1/2 净跨范围受压，在受压部位不需配置抗弯通长筋，但需设置架立筋固定箍筋。架立筋与非贯通纵筋的“构造搭接”长度为 150 mm。
3. 跨中架立筋根数与箍筋肢数应相同。当梁上部支座端非贯通筋根数少于复合箍筋肢数时，需将相应跨中架立筋延伸到梁端并锚入柱内 12*d*（构造纵筋的“构造锚固长度”）。

关于端支座加锚头（锚板）锚固：

1. 该机械锚固长度不符合现行《混规》第 8.3.3 条规定，同为机械锚固但锚固长度相差 50%，存在逻辑混乱。
2. 现行《混规》第 8.3.3 条规定：“螺栓锚头和焊接锚板的钢筋净距不宜小于 4*d*，否则应考虑群锚效应的不利影响”，群锚效应会引起节点开裂，故群锚时需加大钢筋净距。

关于中间层中间节点梁下部筋在节点外搭接：

1. 非抗震框架梁端下部通常超过 1/4 净跨范围受压，在该区域适合搭接钢筋。
2. 根据梁端下部为受压部位的非抗震框架梁受力特征，图示梁下部纵筋在节点外距离支座≥1.5 倍梁截面有效计算高度并无必要且不严谨，因当大出很多时，搭接范围将进入下部跨中受拉范围，在受拉范围不利于接触性搭接连接。

关于纵向钢筋弯折要求：

1. 非抗震框架梁纵筋弯钩锚固，应按现行《混规》第 8.3.3 条图 8.3.3 规定“当弯钩锚固时，钢筋弯折直径 *D*=4*d*。”
2. 本页构造图要求当纵筋直径 *d*≤25 mm 时，弯钩锚固的弯折半径 *r*=4*d*，可能将规范要求中的直径误当作了半径。

关于梁端下部纵筋的锚固长度：

非抗震框架梁端下部为受压部位，下部纵筋有几种锚固长度：

1. 当计算充分利用该筋抗拉强度时，其在边柱支座锚固应与上部纵筋相同，且在中柱支座直线锚固≥l_a；
2. 当计算充分利用该筋抗压强度时，应按受压钢筋在支座锚固（边柱或中柱），其直线锚固长度不应小于 0.7 l_a；
3. 当计算不利用该筋强度时，其支座锚固长度带肋钢筋不小于 12*d*，光面钢筋不小于 15*d*，*d* 为锚固钢筋的最大直径。

关于跨界构造修正：

非抗震框架梁的某支座不是框架柱时，应修正为与该支座类型相一致的锚固构造和支座端本体构造。

【原图】

11G101-1 第82 页，非抗震屋面框架梁WKL纵向钢筋构造：

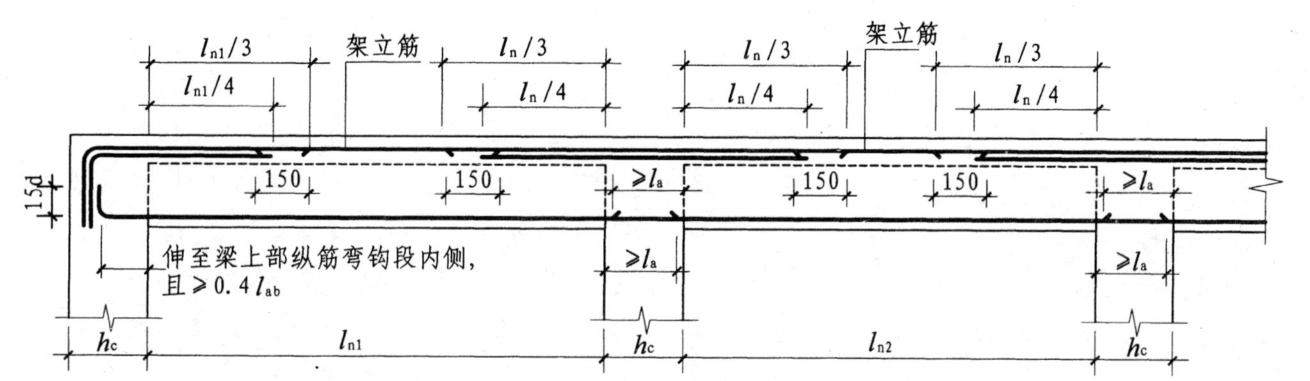

非抗震屋面框架梁WKL纵向钢筋构造

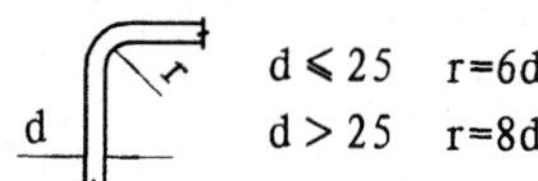

纵向钢筋弯折要求

注：1. 跨度值l_n为左跨l_{ni}和右跨l_{ni+1}之较大值，其中i=1, 2, 3...

2. 图中h_c为柱截面沿框架方向的高度。

3. 当梁上部有通长钢筋时，连接位置宜位于跨中$l_{ni}/3$范围内；梁下部钢筋连接位置宜位于支座$l_{ni}/3$范围内；且在同一连接区段内钢筋接头面积百分率不宜大于50%。

4. 钢筋连接要求见本图集第55页。

5. 当具体工程对框架梁下部纵筋在中间支座或边支座的锚固长度要求不同时，应由设计者指定。

6. 当梁纵筋（不包括侧面G打头的构造筋及架立筋）采用绑扎搭接接长时，搭接区内箍筋直径及间距要求见本图集第54页。

7. 梁侧面构造钢筋要求见本图集第87页。

8. 顶层端节点处梁上部钢筋与附加角部钢筋构造见本图集第64页。

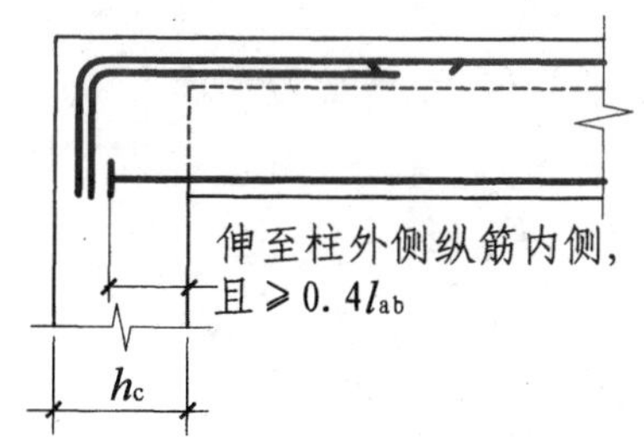

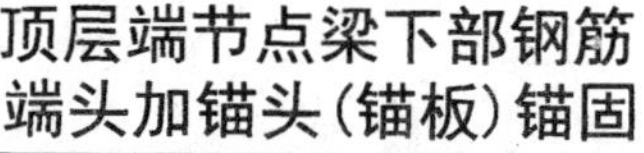

顶层端节点梁下部钢筋端头加锚头(锚板)锚固

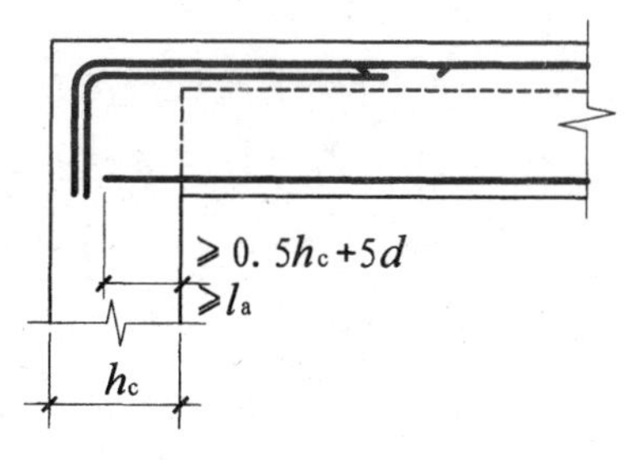

顶层端支座梁下部钢筋直锚

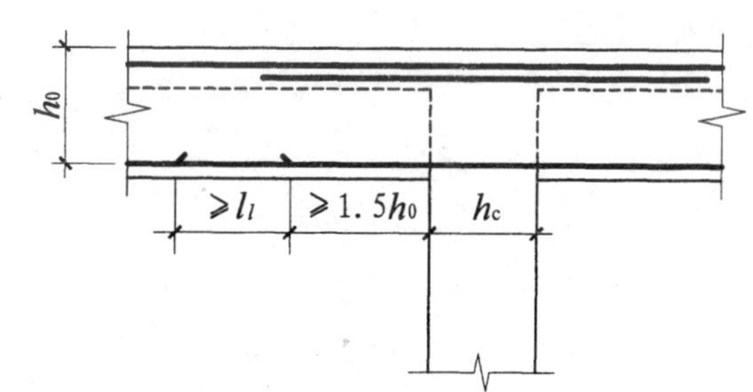

顶层中间节点梁下部筋在节点外搭接

（梁下部钢筋不能在柱内锚固时，可在节点外搭接。相邻跨钢筋直径不同时，搭接位置位于较小直径一跨）

【解读】

11G101-1第82页主图系从03G101-1第58页复制，解读如下：关于非抗震屋面框架梁 WKL 纵向钢筋构造：

1. 与非抗震楼层框架梁相同，屋面框架梁上部非贯通纵筋的延伸长度有以 l_n 和以 l_x 计算两种取值方式（见相应解读）。
2. 非抗震屋面框架的梁上部跨中为不需配置抗弯通长筋的受压部位，但需设置架立筋固定箍筋。架立筋与非贯通纵筋的“构造搭接”长度为 150 mm。
3. 跨中架立筋根数与箍筋肢数相同。当配置超过两肢的复合箍筋，而梁上部支座端非贯通筋根数少于箍筋肢数时，需将相应跨中架立筋延伸到梁端并“构造锚固”柱内 12*d*。

关于顶层端节点梁下部钢筋端头加锚头（锚板）锚固：

1. 该机械锚固方式存在锚固长度要求不符合现行《混凝土结构设计规范》GB 50010-2010 第8.3.3 条规定的问题，同为机械锚固但锚固长度相差 50%，存在逻辑混乱。
2. 机械锚固要求“螺栓锚头和焊接锚板的钢筋净距不宜小于 4*d*，否则应考虑群锚效应的不利影响”（现行《混规》第 8.3.3 条），群锚效应会引起节点开裂，故多根钢筋采用机械锚固需要加大钢筋之间的净距。

关于顶层中间节点梁下部筋在节点外搭接：

1. 非抗震框架梁端下部为受压部位，下部纵筋有几种锚固长度，详见非抗震楼层框架梁“关于梁端下部纵筋的锚固长度”。除锚固方式外，还可采用贯通支座的搭接方式。
2. 非抗震框架梁端下部通常超过 1/4 净跨范围受压，可在该区域搭接钢筋。
3. 根据梁端下部为受压部位的非抗震框架梁受力特征，图示梁下部纵筋在节点外距离支座≥1.5 倍梁截面有效计算高度并无必要且不严谨，因当大出很多时，搭接范围将进入下部跨中受拉范围，在受拉范围不利于接触性搭接连接。

关于跨界构造修正：

1. 当抗震与非抗震楼层框架梁 KL、屋面框架梁 WKL 端支座或某中间支座为梁时，应将该支座纵筋锚固及近支座梁上部纵筋向跨内延伸长度和箍筋构造，按非框架梁 L 修正。
2. 当抗震与非抗震楼层框架梁 KL 的某一端在局部屋面的框架端节点时，应将该梁端支座的纵筋锚固及与柱纵筋的弯折搭接构造，按屋面框架梁 WKL 端部构造修正。
3. 当抗震与非抗震楼层框架梁 KL 或屋面框架梁 WKL 端部与剪力墙或短肢剪力墙在平面内连接时，应将该端支座钢筋锚固构造按剪力墙连梁或墙顶 LL 的锚固构造修正。

【原图】

11G101-1 第83 页，框架梁水平、竖向加腋构造：

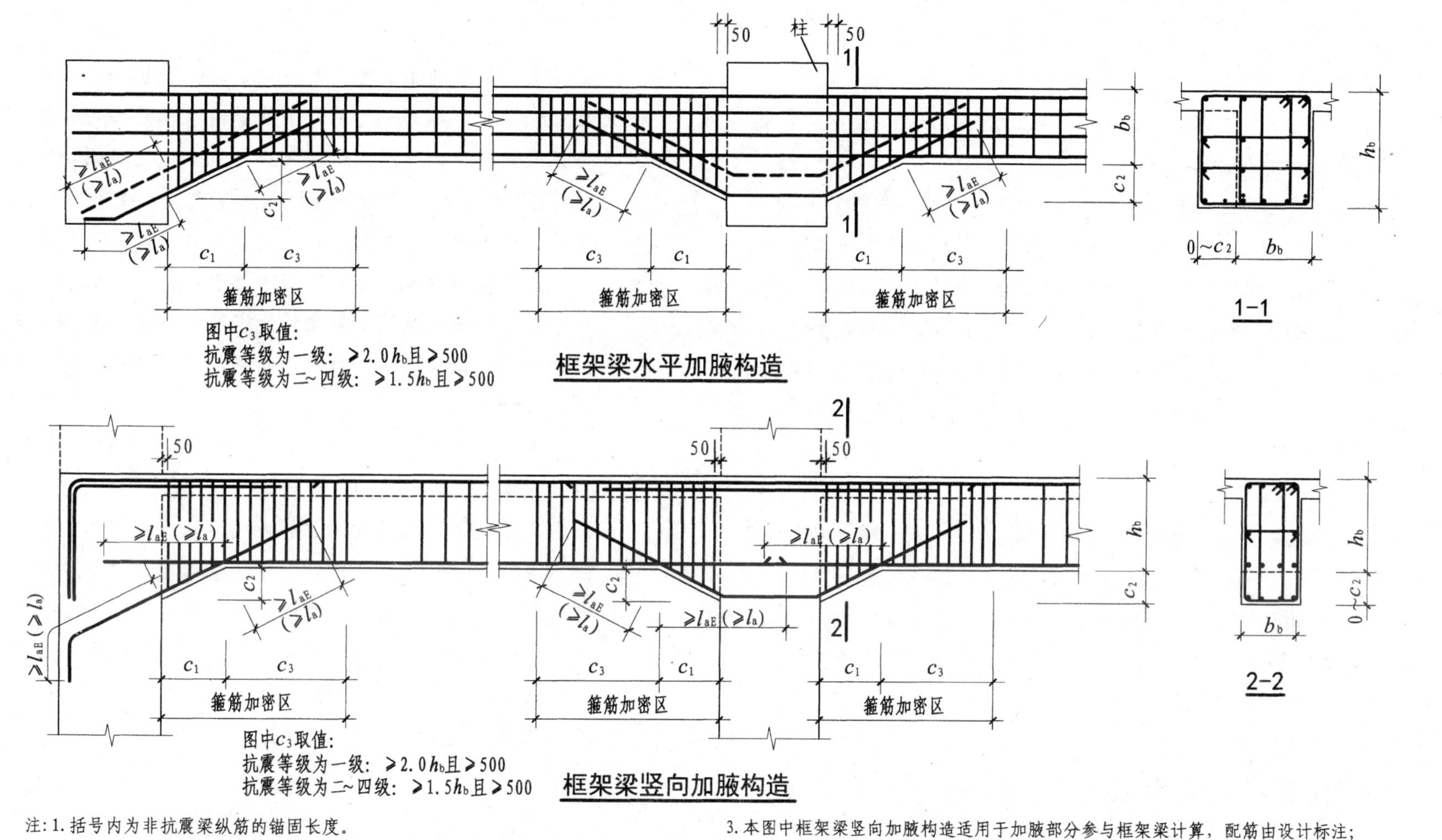

框架梁水平加腋构造

框架梁竖向加腋构造

注: 1. 括号内为非抗震梁纵筋的锚固长度。

2. 当梁结构平法施工图中, 水平加腋部位的配筋设计未给出时, 其梁腋上下部斜纵筋(仅设置第一排)直径分别同梁内上下纵筋, 水平间距不宜大于200; 水平加腋部位侧面纵向构造筋的设置及构造要求同梁内侧面纵向构造筋, 见本图集第87页。

3. 本图中框架梁竖向加腋构造适用于加腋部分参与框架梁计算, 配筋由设计标注; 其他情况设计应另行给出做法。

4. 加腋部位箍筋规格及肢距与梁端部的箍筋相同。

【解读】

11G101-1 第83 页框架梁竖向加腋构造图系从03G101-1 第60 页同名图复制，解读如下：

关于框架梁竖向加腋构造：

1. 在结构设计中，当因保持梁下空间净高，梁截面高度受层高限制且承受剪力较高，或当梁跨高比较大须控制梁挠度或裂缝宽度时，在框架梁端部竖向加腋是一有效措施。
2. 原创平法03G101-1 制图规则规定了梁竖向加腋的注写方式："当为加腋梁时，用 $b\times h$　$\mathrm{Y}c_1\times c_2$ 表示，其中 c_1 为腋长，c_2 为腋高"（平法制图规则第 4 章第 2 节第 4.2.3 条）。
3. 当框架梁需要竖向加腋时，通常梁下部纵向钢筋配置较多（超过一排），且纵筋之间通常仅能够保持最小净距（≥25 mm 且≥d），故腋部斜向纵筋只能在梁下部相邻纵筋之间插入，此况决定了梁腋部斜向纵筋最多可设置根数，为梁下部第一排纵筋根数减一根（再多则无法插入梁本体内）。

关于框架梁水平加腋构造：

1. 现行《建筑抗震设计规范》GB 50011—2010 第 6.1.5 条规定"框架结构和框架—抗震墙结构中，框架和抗震墙均应双向设置，柱中线与抗震墙中线、梁中线与柱中线之间偏心距大于柱宽的 1/4 时，应计入偏心的影响"。
2. 显然，只有梁截面宽度不大于柱宽的 1/2 且偏向支座一侧与柱连接时，才可能出现梁中线与柱中线之间偏心距大于柱宽 1/4 的状况；而且，当柱截面宽度大于柱宽的 1/2 时，无论与柱连接是否偏心，只要梁宽不偏出柱截面，均不会出现梁中线与柱中线之间偏心距大于柱宽 1/4 的状况。
3. 当柱截面较宽导致梁的合理截面宽度不足柱宽 1/2，且梁偏向柱截面一侧与柱连接时，为简单起见，结构设计者便采取给梁端部侧向加腋使腋根部梁宽度大于 1/2 柱宽的措施，以回避当"梁中线与柱中线之间偏心距大于柱宽的 1/4 时，应计入偏心的影响"的复杂计算。
4. 应当思考的是，在梁端侧向加腋使接触面中线不偏出柱中线柱宽度的 1/4，但并不能改变梁的重心仍然偏离过大的问题，且梁中线与梁重心轴线均为可为导致偏心的因素。
5. 设置水平加腋，主要为避免进行抗震设计时要求计入偏心影响的复杂计算，抑或为计算后另加采取的构造措施，但非抗震框架梁通常不需要该构造措施。

【原图】

11G101-1 第84 页，KL、WKL 中间支座纵向钢筋构造：

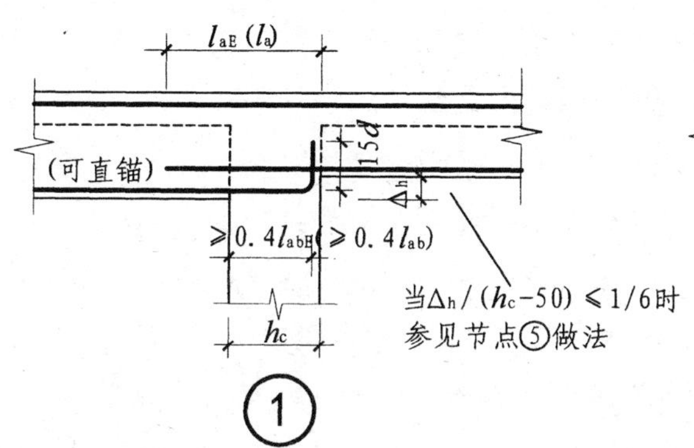

①

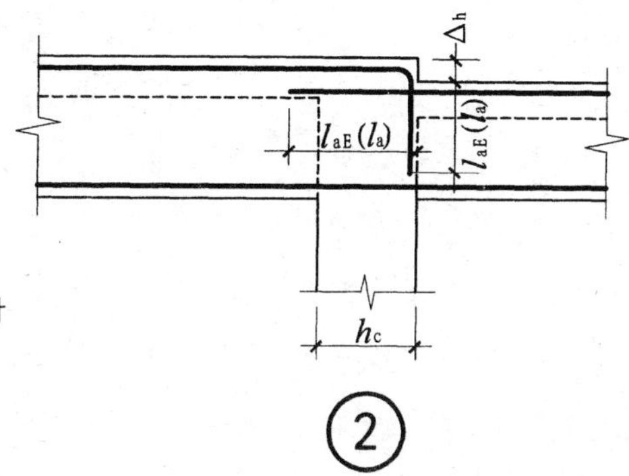

②

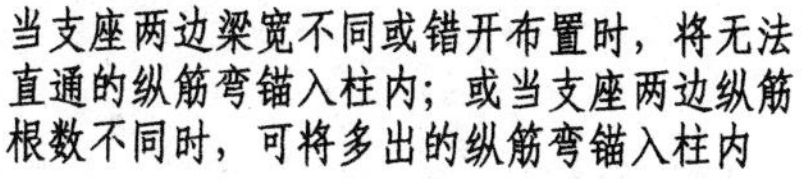

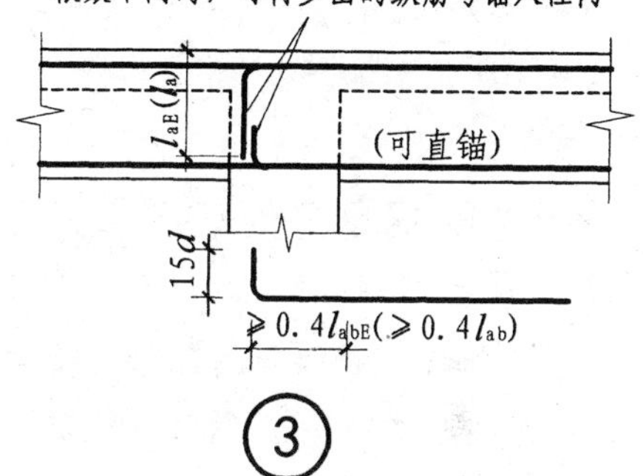

③

WKL中间支座纵向钢筋构造

(节点①~③)

l_{aE} (l_a)

≥0.4l_{abE}(≥0.4l_{ab})

Δ_h

(可直锚)

15d

(可直锚)

Δ_h

h_c

锚固构造同上部钢筋

Δ_h/(h_c-50)＞1/6

④

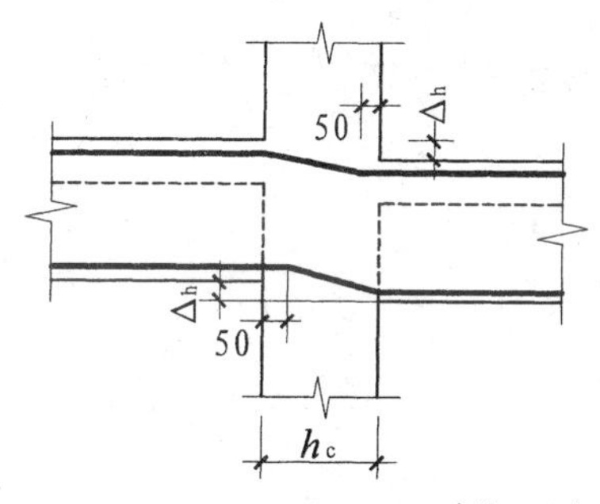

⑤ Δ_h/(h_c-50)≤1/6
时，纵筋可连续布置

当支座两边梁宽不同或错开布置时，将无法
直通的纵筋弯锚入柱内；或当支座两边纵筋
根数不同时，可将多出的纵筋弯锚入柱内

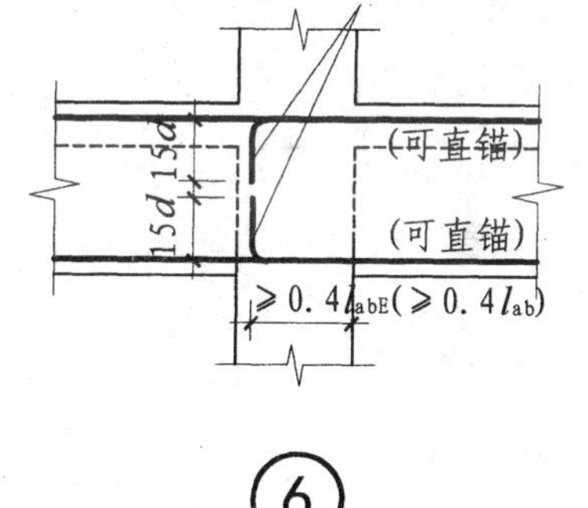

⑥

KL中间支座纵向钢筋构造

(节点④~⑥)

注：1. 除注明外，括号内为非抗震梁纵筋的锚固长度。
2. 图中标注可直锚的钢筋，当支座宽度满足直锚要求时可直锚，具体构造要求见本图集79~82页。

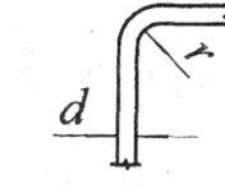

d≤25 r=4d
d＞25 r=6d

纵向钢筋弯折要求

【解读】

11G101－1 第 84 页图系从 03G101－1 第 61 页同名图复制，解读如下：

关于 WKL 中间支座纵向钢筋构造：

1. 节点①的特征，为柱支座两边梁顶同高梁底不同高（“同高”为“相同高度”的缩略语，下同），此时梁上部纵筋可贯通柱支座。梁下部纵筋对于梁底较高者可直线锚固入柱（获需贯穿柱延伸入对面梁内）；对于梁底较低者，当柱支座宽度小于直线锚固长度时，需在柱支座弯锚。
2. 节点②的特征，为柱支座两边梁底同高但梁顶不同高，此时梁下部纵筋可贯通柱支座或在支座内互锚（图中缺少互锚选项）；梁上部纵筋于梁顶较低者可直线锚固入柱，对梁顶较高者，图示为伸至柱对边将弯钩向下锚入不小于 l_{aE}（l_a）。这样构造的问题是：其一，柱顶部为刚域范围，贯通刚域范围的梁纵筋不承受弯矩，而以混凝土对其的粘结强度承担一部分锚固功能，此时完全忽略其作用过于保守；其二，大量试验数据表明，当采用弯钩锚固的弯钩长度达 $15d$ 则无应力测出，故弯钩长度大于 $15d$ 缺乏科学依据。
3. 节点③的特征，为柱支座两边梁顶同高、梁底亦同高，但梁宽度不同，此时宽出对边梁截面中的纵筋无法贯通柱支座，且当柱支座宽度小于底部纵筋直线锚固长度时，无法贯通支座的纵筋需弯钩锚固入柱。图示上部纵筋的弯钩长度问题见对节点②的解读。

关于 KL 中间支座纵向钢筋构造：

1. 节点④的特征，为柱支座两边梁顶、梁底均不同高，此时梁上部与下部纵筋可直锚则直锚。无法直锚则弯钩锚固。
2. 节点⑤的特征，为柱支座两边梁顶不同高、梁底亦不同高，但柱两边框架梁的梁顶面高差与梁底面高差 $\Delta_h/(h_c-50)\leqslant 1/6$，此时梁上部与下部纵筋分别可以 ≤1/6 的弯折度贯通柱支座。当弯折贯通柱支座，且纵筋向节点外弯折时，将产生向外分力，该分力应被有效约束，故要求伸入节点 50 mm 后再弯折；当纵筋向节点内弯折时，将产生向内分力，此分力可被节点核心承受，故入节点即可弯折。
3. 节点⑥的特征，为柱支座两边梁顶同高、梁底亦同高，但梁宽度不同，此时宽出对边梁截面中的纵筋无法贯通柱支座，且当柱支座宽度小于纵筋直线锚固长度时，无法贯通支座的纵筋需弯钩锚固入柱。

【原图】

11G101－1 第 85 页，非抗震框架梁 KL、WKL 箍筋构造，抗震框架梁 KL、WKL 箍筋加密区构造，梁与方柱斜交或与圆柱相交时箍筋起始位置：

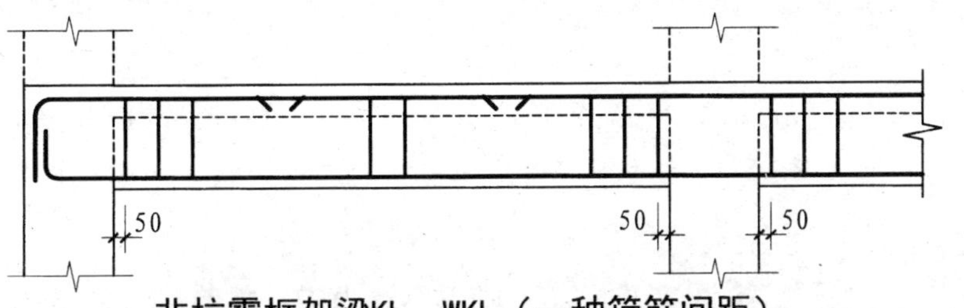

非抗震框架梁KL、WKL（一种箍筋间距）

（弧形梁沿梁中心线展开，箍筋间距沿凸面线量度）

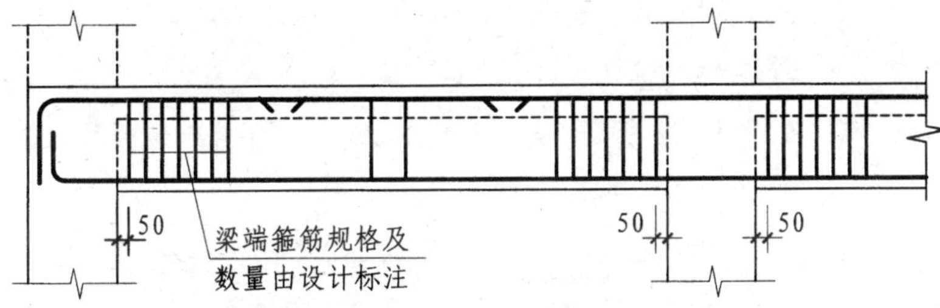

非抗震框架梁KL、WKL（两种箍筋间距）

（弧形梁沿梁中心线展开，箍筋间距沿凸面线量度）

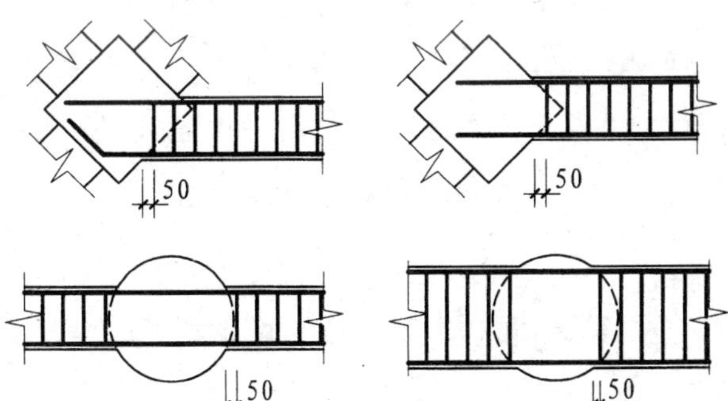

梁与方柱斜交，或与圆柱相交时箍筋起始位置

（为便于施工，梁在柱内的箍筋在现场可用两个半套箍搭接或焊接）

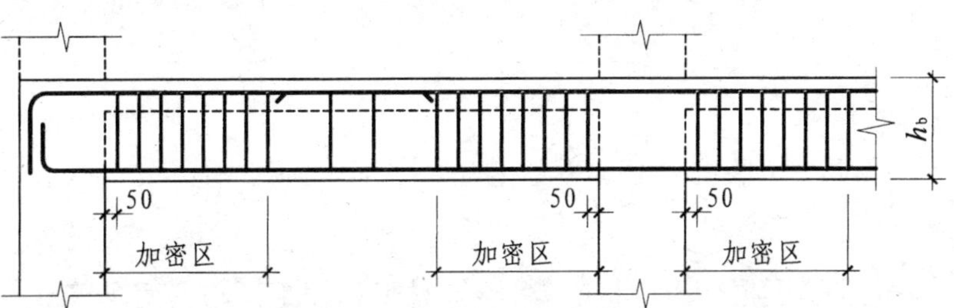

加密区：抗震等级为一级：$\geqslant 2.0h_b$且$\geqslant 500$
抗震等级为二~四级：$\geqslant 1.5h_b$且$\geqslant 500$

抗震框架梁KL、WKL箍筋加密区范围

（弧形梁沿梁中心线展开，箍筋间距沿凸面线量度。h_b为梁截面高度）

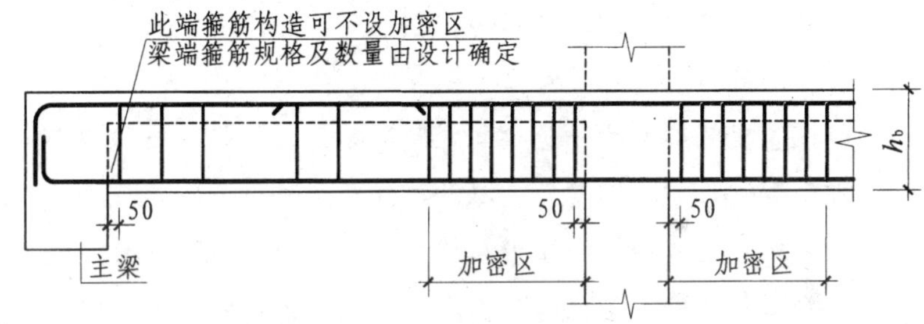

加密区：抗震等级为一级：$\geqslant 2.0h_b$且$\geqslant 500$
抗震等级为二~四级：$\geqslant 1.5h_b$且$\geqslant 500$

抗震框架梁KL、WKL(尽端为梁)箍筋加密区范围

（弧形梁沿梁中心线展开，箍筋间距沿凸面线量度。h_b为梁截面高度）

注：1. 本图抗震框架梁箍筋加密区范围同样适用于框架梁与剪力墙平面内连接的情况。
2. 梁中附加箍筋、吊筋构造见本图集第87页。
3. 当梁纵筋（不包括侧面G 打头的构造筋及架立筋）采用绑扎搭接接长时，搭接区内箍筋直径及间距要求见本图集第54页。

【解读】

11G101－1 第 85 页图系从 03G101－1 第 62~63 页同名图复制，解读如下：

关于非抗震框架梁 KL、WKL（一种箍筋间距）与（两种箍筋间距）：

1. 非抗震框架梁按一种箍筋间距配置箍筋，具有根据剪力分布的科学配筋意义。一种箍筋间距形式简单，但还有另一配筋方式，即一种箍筋间距可有两种或三种不同直径，较大直径者在梁端部较大剪力范围配置，较小直径者在梁跨中较小剪力范围配置。
2. 非抗震框架梁按两种箍筋间距配置箍筋，同样具有根据剪力分布的科学配筋意义。以两种甚至三种箍筋间距调整抗剪能力，通常较小间距者在梁端部较大剪力范围配置，较大间距者在梁跨中较小剪力范围配置。
3. 无论采用何种配置箍筋方式，对于弧形梁均沿中心线展开，箍筋间距沿凸面量度。应注意弧形梁沿中心线展开系保证梁轴线长度不变，但应以凸面线长度计算所需箍筋道数。

关于抗震框架梁 KL、WKL 箍筋加密区范围：

1. 抗震箍筋加密区范围有两个等级，一级抗震等级为两倍梁高，二~四级抗震等级为 1.5 倍梁高。
2. 对于弧形梁，同样注意应以凸面线长度计算箍筋总道数。
3. 应注意"抗震箍筋加密区"与"钢筋搭接范围箍筋加密"不是同一概念，两种加密箍筋加密间距相同时，因两者功能不同，故套箍形式亦不同。

关于抗震框架梁 KL、WKL（尽端为梁）箍筋加密区范围：

1. 无论抗震还是非抗震框架梁，当未支承在框架柱上时，均应做相应构件的跨界构造修正。详见本图集第 84 页"关于跨界构造修正"。
2. 不仅框架梁端部支座为梁，而且中间支座为梁均应做跨界构造修正，该图对此表达不完整。

关于梁与方柱斜交，或与圆柱相交时箍筋起始位置：

1. 图示 4 种相交方式箍筋构造的共同特点，均为第一道箍筋距离梁与柱的交接界面线 50 mm。
2. 当梁与柱斜交界面全部在方柱一个侧面时，第一道箍筋应距柱侧面 50 mm 且与该柱侧面平行，此时起始箍筋在梁端斜放，放射状布置（一侧按箍筋正常间距，另一侧间距可取 50 mm）至与箍筋与梁正截面平行。

【原图】

11G101－1 第 86 页，非框架梁 L 配筋构造，主次梁斜交箍筋构造：

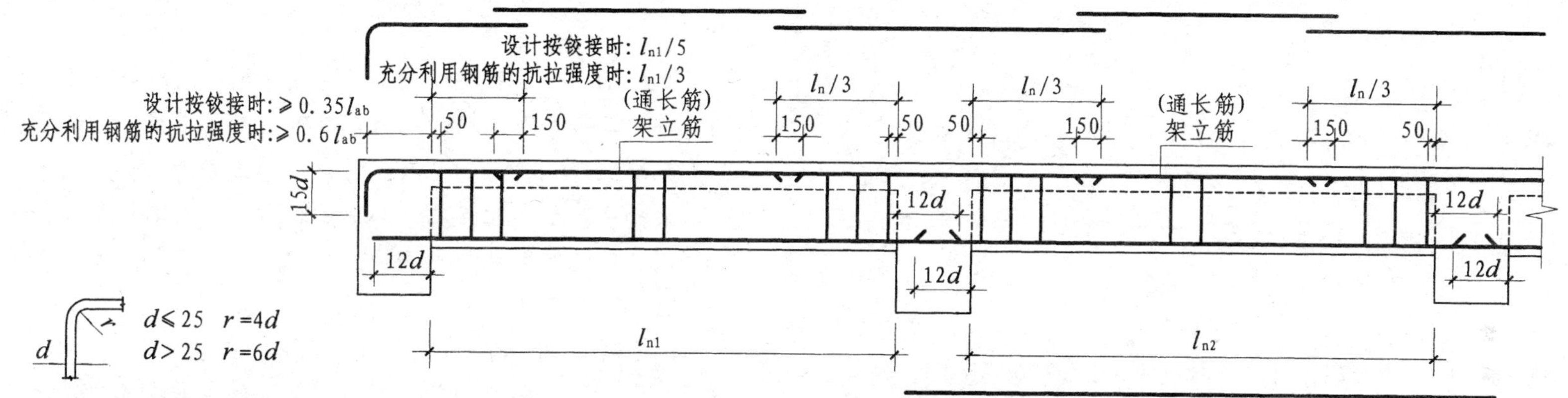

纵向钢筋弯折要求

非框架梁L配筋构造

(梁上部通长筋连接要求见注3)

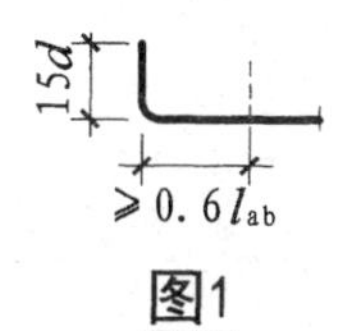

图1

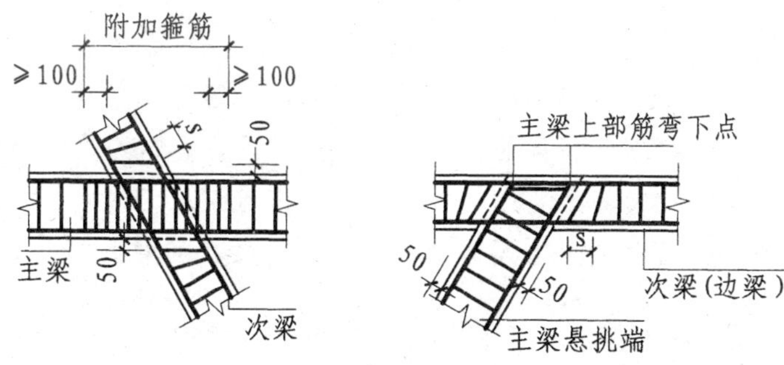

主次梁斜交箍筋构造

（s为次梁中箍筋间距）

注：1. 跨度值l_n为左跨l_{ni}和右跨l_{ni+1}之较大值，其中i=1, 2, 3...

2. 当端支座为柱、剪力墙（平面内连接）时，梁端部应设箍筋加密区，设计应确定加密区长度。设计未确定时取该工程框架梁加密区长度。梁端与柱斜交，或与圆柱相交时的箍筋起始位置见本图集第85页。
3. 当梁上部有通长钢筋时，连接位置宜位于跨中 $l_{ni}/3$范围内；梁下部钢筋连接位置宜位于支座$l_{ni}/4$范围内；且在同一连接区段内钢筋接头面积百分率不宜大于50%。
4. 钢筋连接要求见本图集第55页。
5. 当梁纵筋（不包括侧面G打头的构造筋及架立筋）采用绑扎搭接接长时，搭接区内箍筋直径及间距要求见本图集第54页。
6. 当梁配有受扭纵向钢筋时，梁下部纵筋锚入支座的长度应为 l_a，在端支座直锚长度不足时可弯锚，见图1。当梁纵筋兼做温度应力筋时，梁下部钢筋锚入支座长度由设计确定。
7. 纵筋在端支座应伸至主梁外侧纵筋内侧后弯折，当直段长度不小于 l_a时可不弯折。
8. 当梁中纵筋采用光面钢筋时，图中12d应改为15d。
9. 梁侧面构造钢筋要求见本图集第87页。
10. 图中“设计按铰接时”、“充分利用钢筋的抗拉强度时”由设计指定。
11. 弧形非框架梁的箍筋间距沿梁凸面线度量。

【解读】

11G101－1 第 86 页图系从 03G101－1 第 65 页同名图复制，解读如下：

关于非框架梁 L 配筋构造：

1. 非框架梁计算时支座简化为铰接，连续梁的计算弯矩分布为：端支座弯矩为零，中间支座范围负弯矩较大，跨中正弯矩较大；剪力在各跨的梁端较大，在跨中较小。
2. 虽然端支座计算弯矩为零，但在混凝土结构中并不存在纯铰接，次梁实际与主梁为半刚性连接。现行《混规》第 9.2.6 条规定："当梁端按简支计算但实际受到部分约束时，应在支座区上部设置纵向构造钢筋，其截面面积不应小于梁跨中下部纵向受力钢筋计算所需截面面积的 1/4，且不应少于两根。该纵向构造钢筋自支座边缘向跨内伸出的长度不应小于 $l_0/5$，l_0 为梁的计算跨度。"
3. 该图图示当"充分利用钢筋的抗拉强度"时，要求非框架梁（次梁）上部纵筋锚固直线段≥$0.6l_{ab}$，再加长度 $15d$ 弯钩。这种要求目的为次梁端部与主梁实现刚性连接。当浇筑混凝土后，主梁的侧向转动将使次梁端部仍然为半刚接，此构造方式并不能实现刚性连接效果。应特别指出，在结构理论和结构规范中均不存在假定次梁端部与主梁刚性连接定义，因次梁端部与主梁刚性连接并非由次梁纵筋的锚固方式单方面决定，更重要的是主梁必须具备足够高的抗扭刚度，而框架梁通常不具备此等规模的抗扭刚度。
4. 当"充分利用钢筋的抗拉强度"时，要求梁上部纵筋锚固直线段≥$0.6l_{ab}$，但凡有设计或施工经验者均知绝大多数主梁宽度甚至不能满足上部受弯纵筋直线段锚长 $0.4l_{ab}$；要求钢筋弯钩锚固直线段锚长≥$0.6l_{ab}$ 不仅脱离施工实际，事实上也无法单方面实现锚固效果（见上条分析），脱离实际的主观推测不可能形成科学的构造方式。
5. 非框架端下部为受压范围，下部纵筋仅需锚固 $12d$（光圆钢筋为 $15d$）即可满足抗剪所需"销栓力"要求。但实际施工经常遇到主梁支座宽度小于 $12d$（$15d$）的情况，此时没有争议的做法是对梁下部纵筋进行等强等截面积代换为较小直径（相应增加根数），来满足 $12d$（$15d$）构造锚长。

关于主次梁斜交箍筋构造：

1. 主次梁无论正交还是斜交，均为主梁支承次梁。故主次梁节点主梁为节点主体，次梁为节点客体。作为节点主体的主梁纵筋和箍筋必须贯通节点设置，而次梁通常仅需纵筋锚入或贯穿支座，但箍筋不需布进支座。
2. 右图次梁（边梁）的外侧纵筋，应在主梁上部纵筋端部弯钩内侧通过。

【原图】

11G101—1 第 87 页，不伸入支座的梁下部纵向钢筋断点位置，附加箍筋位置，附加吊筋构造，梁侧面纵向构造筋和拉筋：

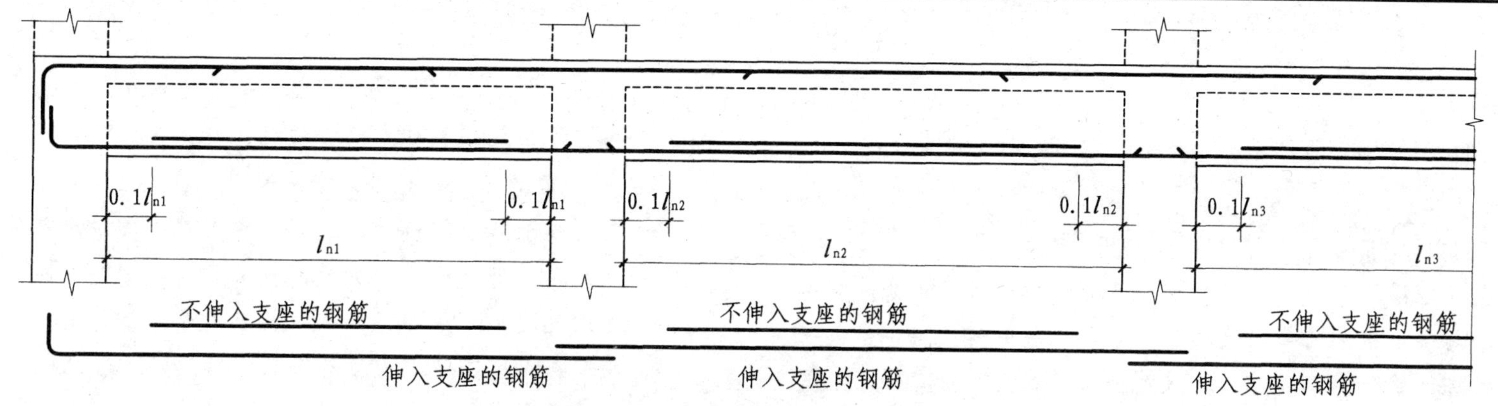

不伸入支座的梁下部纵向钢筋断点位置

（本构造详图不适用于框支梁；伸入支座的梁下部纵向钢筋锚固构造见本图集第79～82页）

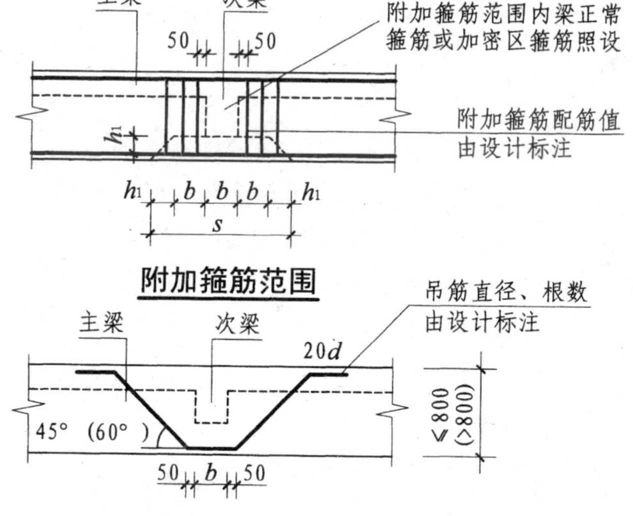

附加箍筋范围

附加吊筋构造

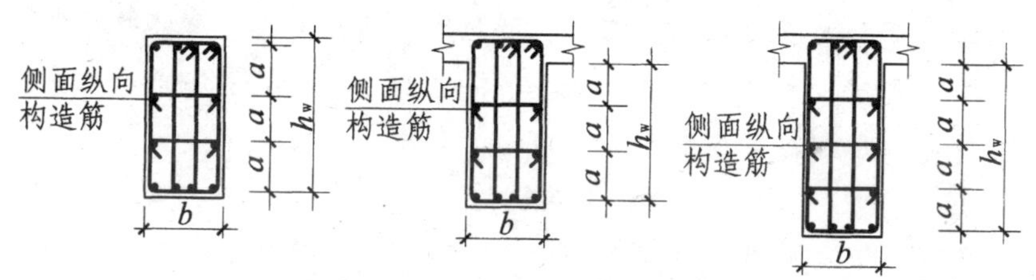

梁侧面纵向构造筋和拉筋

注：1. 当h_w≥450mm时，在梁的两个侧面应沿高度配置纵向构造钢筋；纵向构造钢筋间距 a≤200mm。

2. 当梁侧面配有直径不小于构造纵筋的受扭纵筋时，受扭钢筋可以代替构造钢筋。

3. 梁侧面构造纵筋的搭接与锚固长度可取15 d。梁侧面受扭纵筋的搭接长度为l_{lE}或l_l，其锚固长度为l_{aE}或l_a，锚固方式同框架梁下部纵筋。

4. 当梁宽≤350mm时，拉筋直径为6mm；梁宽>350mm时，拉筋直径为8mm。拉筋间距为非加密区箍筋间距的2倍。当设有多排拉筋时，上下两排拉筋竖向错开设置。

【解读】

11G101－1 第 87 页图系从 03G101－1 第 60、62 页同名图复制，解读如下：

关于不伸入支座的梁下部纵向钢筋断点位置：

1. 未承受横向地震作用的框架梁及非框架梁端下部为受压区域，跨中下部为受拉区域，梁下部纵筋通常按跨中最大正弯矩计算配筋，显然，为满足抵抗跨中最大正弯矩而配置的纵筋在梁端下部受压区域大幅超出了实际需求。
2. 当为抗震设计时，在往复横向地震作用下，抗震框架梁端下部存在地震作用引起的正弯矩，但量值通常小于跨中最大正弯矩；尤其对于三、四级较低抗震等级，梁端正弯矩相对于跨中最大正弯矩的比值更低；因此，抵抗梁端下部正弯矩所需配置的纵筋面积也应小于跨中。为此，可将梁端下部满足该部位受力所需纵筋的多出部分不伸入支座（规定在近支座 $0.1l_n$ 处截断，l_n 为所在跨的净跨值）。
3. 将不需要的纵筋不伸入支座，不仅有益于抗震与非抗震梁柱节点混凝土浇筑密实，而且更符合抗震“强柱弱梁”构造原则，其科学用钢的意义也非常显明。
4. 注意该构造方式对框支梁不适用。框支梁不是梁，是与离地剪力墙一体浇筑的凌空墙下边缘；该边缘受力特征为偏心受拉，与受弯同时受剪的梁受力特征无相似之处，其实质为凌空墙下边缘的偏心受拉加强构造。显然，偏心受拉钢筋不允许在端支座外截断，被截断的钢筋则失去作用；再者，框支梁无独立抗剪功能，对端部箍筋加密不对路。

关于附加箍筋范围和附加吊筋构造：

1. 在主梁承载次梁部位，次梁对主梁产生集中力可使主梁产生裂缝，需要设置附加箍筋或吊筋进行构造加强。
2. 当设置附加箍筋时，因附加箍筋大于正常箍筋，故在附加箍筋布置范围不需重复布置正常箍筋，图中引注说明有误。
3. 附加箍筋或吊筋均具抵抗次梁集中力功能，在该处仅需设置一种，两种叠加设置没有必要。

关于梁侧面纵向构造筋和拉筋：

1. 在梁侧面设置构造纵筋，其主要功能是分散梁侧面可能出现的构造裂缝，当梁截面较高时，尚有稳定钢筋笼体作用。侧面筋配置多少，并不影响梁的抗弯与抗剪承载力。
2. 根据梁侧面纵筋的主要功能，该筋可取构造搭接长度 $15d$ 和构造锚固长度 $12d$。但若梁侧受扭纵筋兼做侧面筋时，受扭纵筋应足强度搭接和足强度锚固。
3. 梁侧面纵筋是否设置、设置多少取决于梁腹板（连续）高度；当一侧符合设置条件另侧不符合时，则在一侧布置另侧不布，且对侧无纵筋时亦不需设置拉筋(因功能不需要)。

【原图】

11G101—1 第 88 页，非框架梁 L 中间支座纵向钢筋构造，水平折梁、竖向折梁钢筋构造：

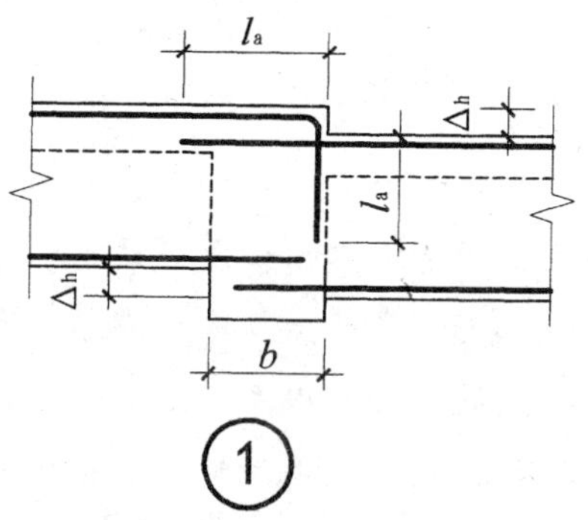

①

$\Delta_h/(b-50)>1/6$时，支座两边纵筋互锚
梁下部纵向筋锚固要求见本图集第86页

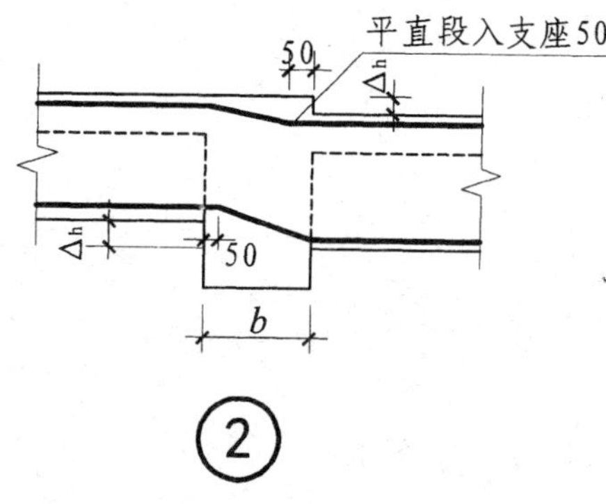

②

$\Delta_h/(b-50)\leqslant 1/6$
时，纵筋连续布置

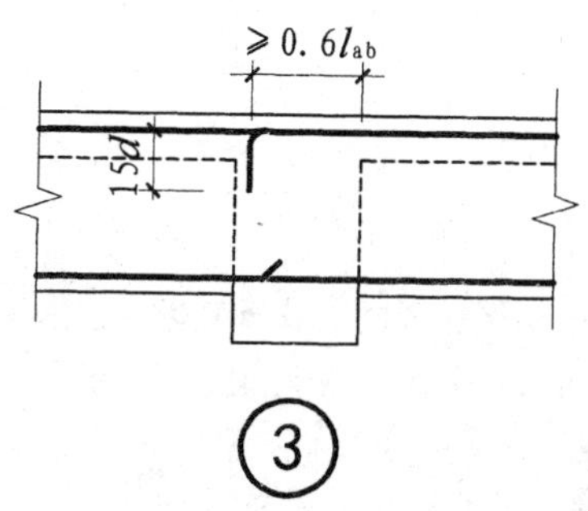

③

当支座两边梁宽不同或错开布置时，将无法直通的纵筋弯锚入梁内。或当支座两边纵筋根数不同时，可将多出的纵筋弯锚入梁内
梁下部纵向筋锚固要求见本图集第86页

非框架梁L中间支座纵向钢筋构造（节点①～③）

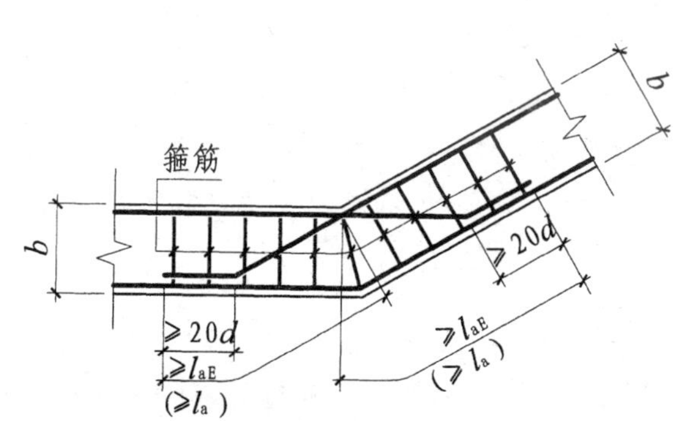

水平折梁钢筋构造

（箍筋具体值由设计指定）

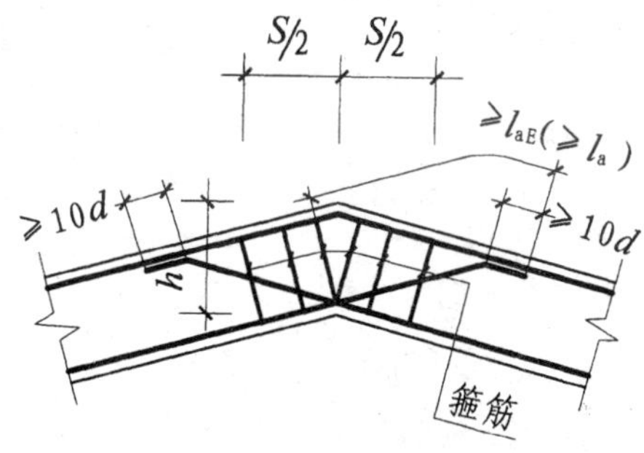

竖向折梁钢筋构造（一）

（S的范围及箍筋具体值由设计指定）

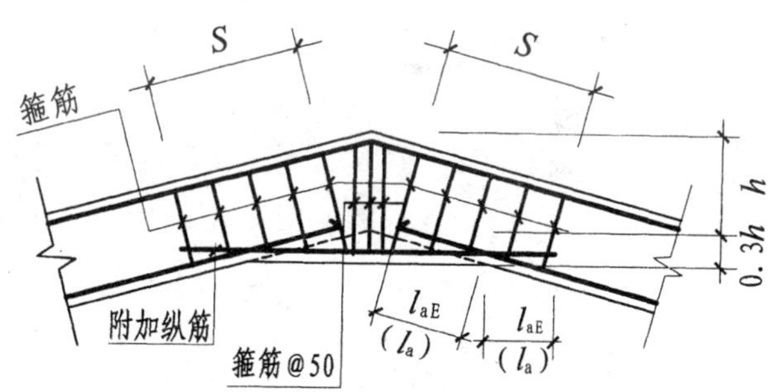

竖向折梁钢筋构造（二）

（S的范围、附加纵筋和箍筋具体值由设计指定）

注：括号内数字用于非抗震设计。

【解读】

11G101－1 第 88 页非框架梁 L 中间支座纵向钢筋构造图系从 03G101－1 第 66 页图复制略改，解读如下：

关于非框架梁 L 中间支座纵向钢筋构造：

1. 节点①的特征，为主梁支座两边梁顶不同高、梁底亦不同高（“同高”为“相同高度”的缩略语，下同），此时主梁两侧梁的下部纵筋各自锚入主梁柱支座；梁上部纵筋于梁顶较低者可在主梁支座直线锚固，对梁顶较高者，图示为伸至主梁支座对边将弯钩向下锚入 l_a。这种构造方式的问题是：其一，主梁横截面顶部为刚域范围，贯通刚域范围的梁纵筋不承受弯矩，而以混凝土对其的粘结强度承担一部分锚固功能，此时完全忽略其作用过于保守；其二，大量试验数据表明弯钩锚固时弯钩长度超过 15*d* 后则无应力测出，故弯钩长度大于 15*d* 没有科学依据。

2. 节点②的特征，为主梁支座两边梁顶不同高、梁底亦不同高，但主梁两边次梁的梁顶面高差与梁底面高差$\Delta_h/(h_c-50)\leqslant 1/6$，此时梁上部与下部纵筋分别以≤1/6 的弯折度贯通主梁支座。当弯折贯通主梁支座的纵筋受拉且纵筋向节点外弯折时，将产生向外分力应被有效约束，故要求伸入节点 50 mm 后再弯折，当纵筋向节点内弯折时，将产生向内分力，此分力可被节点核心承受，故入节点即可弯折。图示次梁下部纵筋均为受压，故左侧次梁下部纵筋不需要伸入 50 mm 后再弯折（图示有误）。

3. 节点③的特征，为主梁两边次梁的梁顶与梁底均同高，但次梁宽度不同，此时当主梁宽度纵筋直线锚固长度时，宽出对边次梁截面中的纵筋需弯钩锚固。但图示上部纵筋弯钩锚固直线段长度要求$\geqslant 0.6l_{ab}$，由于绝大多数主梁宽度不满足此要求，显然规定脱离实际。

关于水平折梁钢筋构造、竖向折梁钢筋构造（一）、（二）：

1. 三种折梁构造的共同特征，为纵筋在阳角部位弯折贯通，在阴角（内折角）部位分别锚固（或称交叉搭接）。
2. 无论水平折梁还是竖向折梁，在折角位置均应呈放射状适度加密箍筋。
3. “纵筋在阳角部位弯折贯通，在阴角部位分别锚固（交叉搭接）”为结构构造原则之一。该原则普遍适用于混凝土结构的各类构件，如折梁、折板、转角墙，边柱柱顶与梁端连接节点，墙顶与板端连接节点，等等。

【原图】

11G101－1 第 89 页，纯悬挑梁 XL 及各类梁的悬挑端配筋构造：

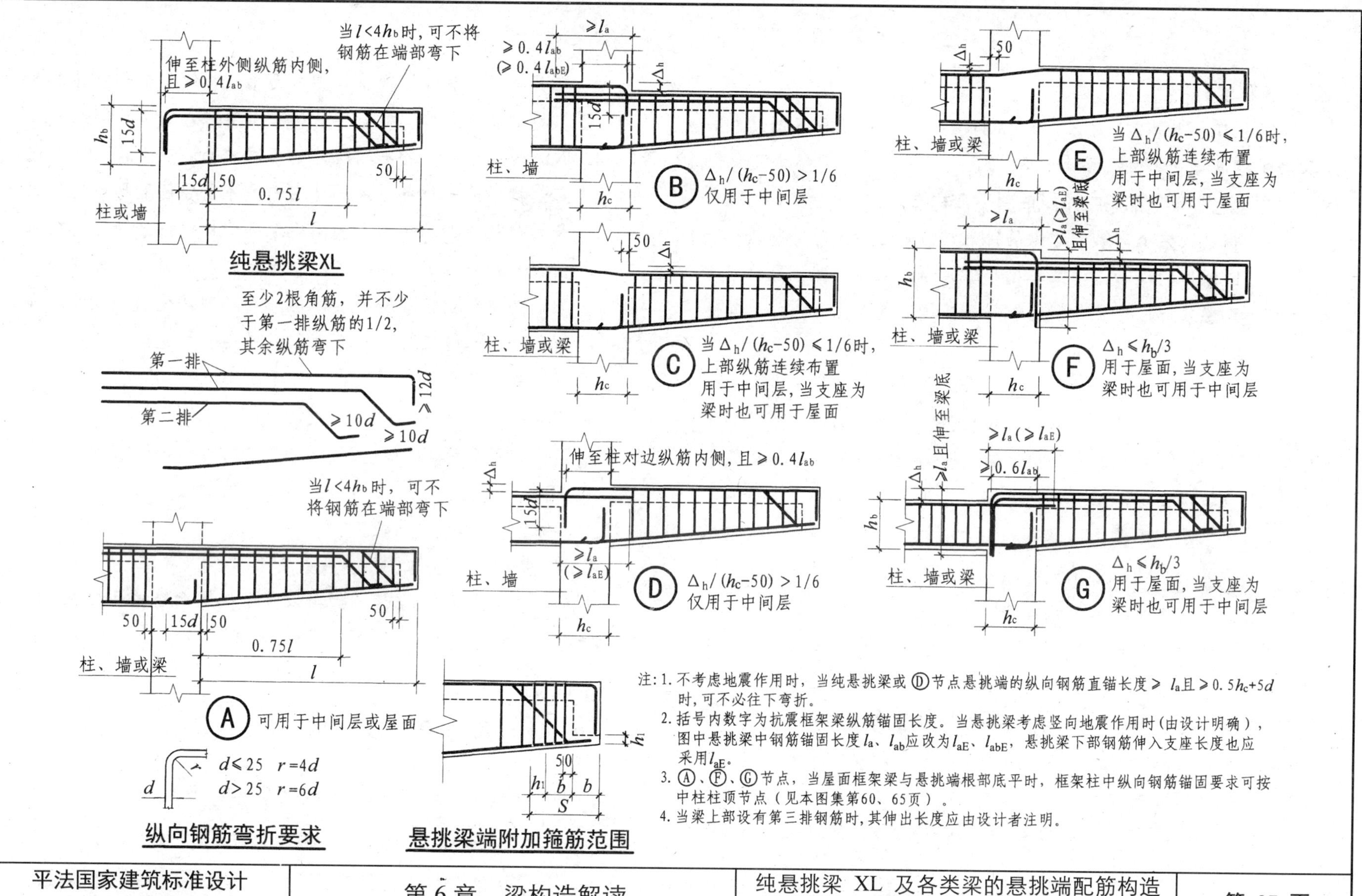

注：1. 不考虑地震作用时，当纯悬挑梁或Ⓓ节点悬挑端的纵向钢筋直锚长度≥ l_a且≥0.5h_c+5d时，可不必往下弯折。

2. 括号内数字为抗震框架梁纵筋锚固长度。当悬挑梁考虑竖向地震作用时（由设计明确），图中悬挑梁中钢筋锚固长度l_a、l_{ab}应改为l_{aE}、l_{abE}，悬挑梁下部钢筋伸入支座长度也应采用l_{aE}。

3. Ⓐ、Ⓕ、Ⓖ节点，当屋面框架梁与悬挑端根部底平时，框架柱中纵向钢筋锚固要求可按中柱柱顶节点（见本图集第60、65页）。

4. 当梁上部设有第三排钢筋时，其伸出长度应由设计者注明。

【解读】

11G101－1 第 89 页图系从 03G101－1 第 66 页同名图复制并改动了钢筋弯下部位，解读如下：

关于悬挑梁上部第二排纵筋斜下弯构造：

1. 将悬挑梁上部第二排纵筋斜下弯，是仿制者对复制的构造图所作的改动。将第二排非贯通纵筋从原截断位置斜下弯至梁底部，除了多耗用钢筋并使构造复杂化外，并无其他科技价值。
2. 悬挑梁弯矩呈抛物线分布，弯矩在根部最大，向悬挑端逐渐减小，至端部将为零。在理论上上部受力钢筋随弯矩减小而减小，但因悬挑梁的斜弯受力状态易造成斜裂缝较早及较多出现，为此，第一排纵筋未延伸至端部不允许截断，要求应有不少于两根纵筋（角筋）且不少于第一排纵筋根数的一半伸至悬挑梁端部后向下弯钩≥12d，第一排其他纵筋斜向下弯下至梁底后顺梁底加设平直段≥12d。
3. 悬挑梁上部第一排纵筋贯通设置，可有效避免当其未至端部截断时可能产生的撕裂裂缝。悬挑梁有了上部第一排纵筋的边缘保护效应，第二排纵筋便可在内力不需要位置再加延伸长度后截断且不会对悬挑梁产生不利后果；因斜裂缝从边缘起始，不会越过第一排纵筋从第二排纵筋位置开始出现。悬挑梁试验证明第一排部分纵筋未达端部截断后在其端头外有裂缝现象，但并无第一排纵筋全部贯通、第二排纵筋未至端部截断后悬挑梁出现斜弯破坏的例证。
4. 欧洲规范跟中国和美国规范的不同之处，在于欧洲规范规定悬挑梁第一排部分纵筋可在内力不需要位置再加延伸定长后截断。由于我国和美国规范关于构件抗力计算的基本前提与欧洲规范不同，差别在于我国和美国规范计算构件配筋时将纵筋按屈服强度取值，而欧洲规范则按容许应力取值[1]（容许应力可以低于屈服强度），因此，欧洲规范的悬挑梁纵筋截断规定在我国不适用。
5. 在全国已建成的几十万座建筑中，尚未发现悬挑梁第一排纵筋贯通但第二排纵筋截断引起的斜弯破坏从而降低有效概率的实例，图中的构造方式，不仅加大钢筋施工的复杂程度，而且浪费钢筋。

关于悬挑梁端部为柱：

悬挑梁构造通常按非抗震，但当设置悬挑梁上起柱且该柱上延若干层时，宜考虑悬挑梁可能承载的地震作用。

【原图】

11G101－1 第 90 页，KZZ、KZL 配筋构造：

---

[1] 采用不同的容许应力值，欧洲规范规定其相应的锚固长度亦不同，在计算给定容许应力钢筋的锚固长度时，需将“基本锚固长度”乘以相应系数。我国和美国规范规定的锚固长度，则以满足钢筋达屈服强度为单一目标。

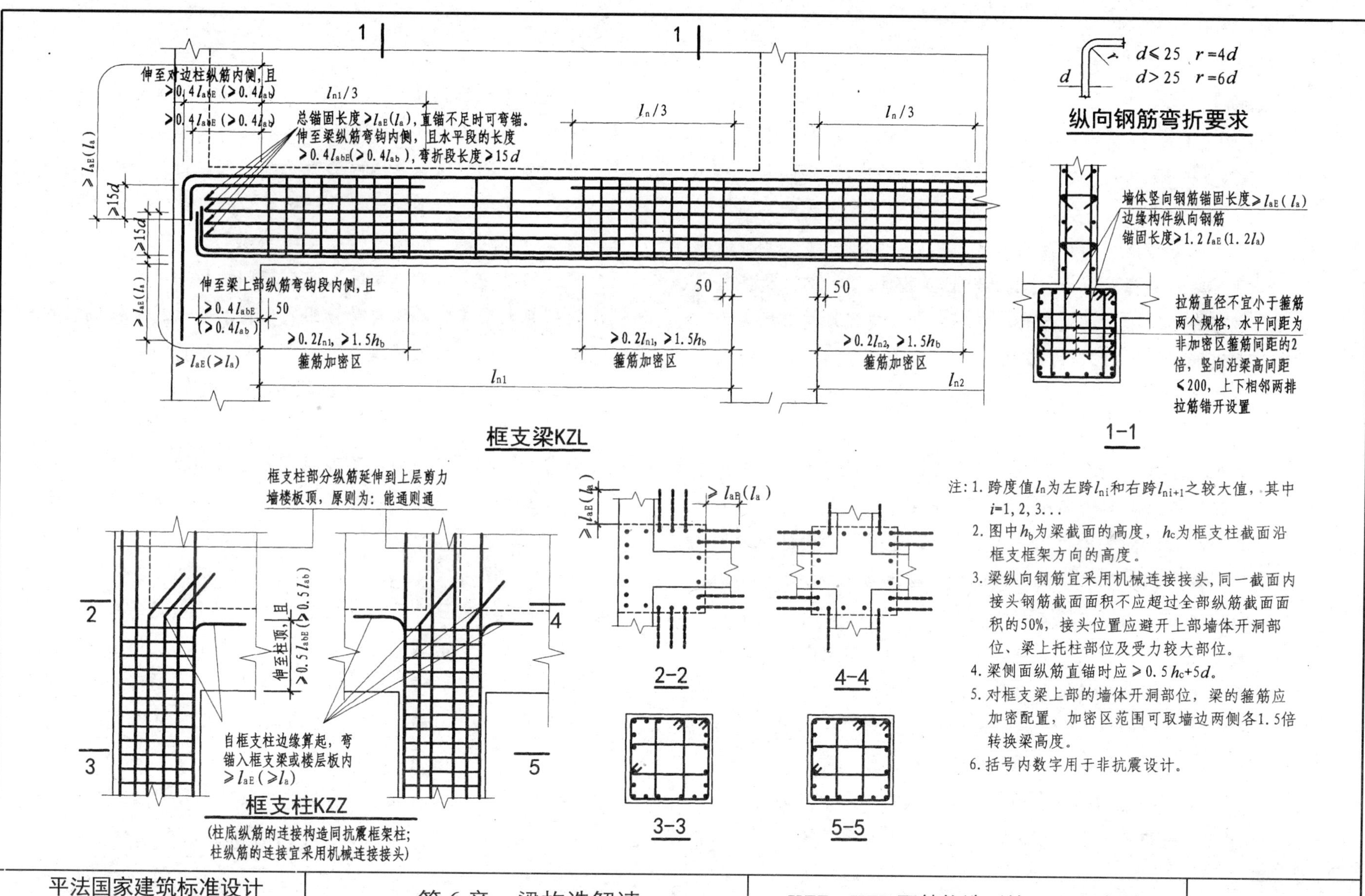

注：1. 跨度值l_n为左跨l_{ni}和右跨l_{ni+1}之较大值，其中i=1, 2, 3...

2. 图中h_b为梁截面的高度，h_c为框支柱截面沿框支框架方向的高度。

3. 梁纵向钢筋宜采用机械连接接头，同一截面内接头钢筋截面面积不应超过全部纵筋截面面积的50%，接头位置应避开上部墙体开洞部位、梁上托柱部位及受力较大部位。

4. 梁侧面纵筋直锚时应≥0.5h_c+5d。

5. 对框支梁上部的墙体开洞部位，梁的箍筋应加密配置，加密区范围可取墙边两侧各1.5倍转换梁高度。

6. 括号内数字用于非抗震设计。

【解读】

11G101－1 第 90 页图系从 03G101－1 第 67 页全图复制。

关于框支梁 KZL：

1. 框支梁与由框支柱支起的剪力墙一体浇筑，其功能不是承载上方剪力墙，而是共同工作，不可分割。框支梁不可能独立变形和独立受力，故其为非独立构件或称“名义构件”。
2. 当剪力墙由框支柱支起时，在墙底部一定高度内有压应力迹线形成的墙内暗拱。暗拱拱脚为框支柱支座，暗拱效应将产生水平向外侧的推力；若对水平向外推力无有效约束，则暗拱拱脚将向外横向位移，横向位移将使凌空剪力墙下边缘产生撕裂裂缝，撕裂裂缝向上延伸将致使剪力墙发生破坏。在凌空剪力墙底部设置的框支梁承受拉力，此拉力与暗拱拱脚向外推力相平衡，有效约束了水平向外推力导致的向外横向位移，使剪力墙暗拱转化为拉杆拱，从而构成安全的框支剪力墙体系。
3. 框支梁（范围）的受力特征为偏心受拉，这与受弯同时受剪的普遍概念上的梁受力特征无任何相似之处。框支梁构造的实质为由框支柱支起的剪力墙下边缘部位的偏心受拉加强构造。因被截断的钢筋在受拉构件中不起作用，故凡偏心受拉钢筋均不得在构件本体内截断，图中在框支梁上部设置的非贯通筋属于无效配筋，施工时应拿掉。
4. 框支梁为非独立偏心受拉构件的基本属性，决定了：

(1) 梁截面高度不宜过高（通常梁高不大于 3 倍墙厚），框支梁截面过高将使原在墙内形成的拱迹线在过高的框支梁内形成，导致受力不合理，且框支剪力墙过重对抗震不利。

(2) 所有纵筋应采用机械连接或对焊连接，且应贯通中间支座。

5. 框支梁的受力机理与框架梁完全不同，框架梁在抗震时跟框架柱共同工作，以自身弯曲变形协助框架柱消耗地震能量，且为满足抗震构造三原则之一的“强剪弱弯”原则，须在框架梁端设置箍筋加密区；框支梁与剪力墙一体浇筑，不独立承担类似框架梁的抗剪功能，且框支梁的隐形端部与剪力墙构成刚性角，不可能似框架梁以自身弯曲变形耗能，显然，对框支梁按框架梁要求设置箍筋加密区，缺少科学依据。

关于框支柱 KZZ：

1. 框支柱截面与上方剪力墙边缘构件截面重叠范围内的部分纵筋，适用“能通则通”的构造原则向上层延伸至楼面。
2. 向剪力墙边缘构件内延伸的框支柱纵筋将与边缘构件纵筋相重叠，可以“当构件某部位配筋重叠时，不重复设置，取大者”的构造原则进行处理。

【原图】

11G101－1 第 91 页，井字 JZL 配筋构造：

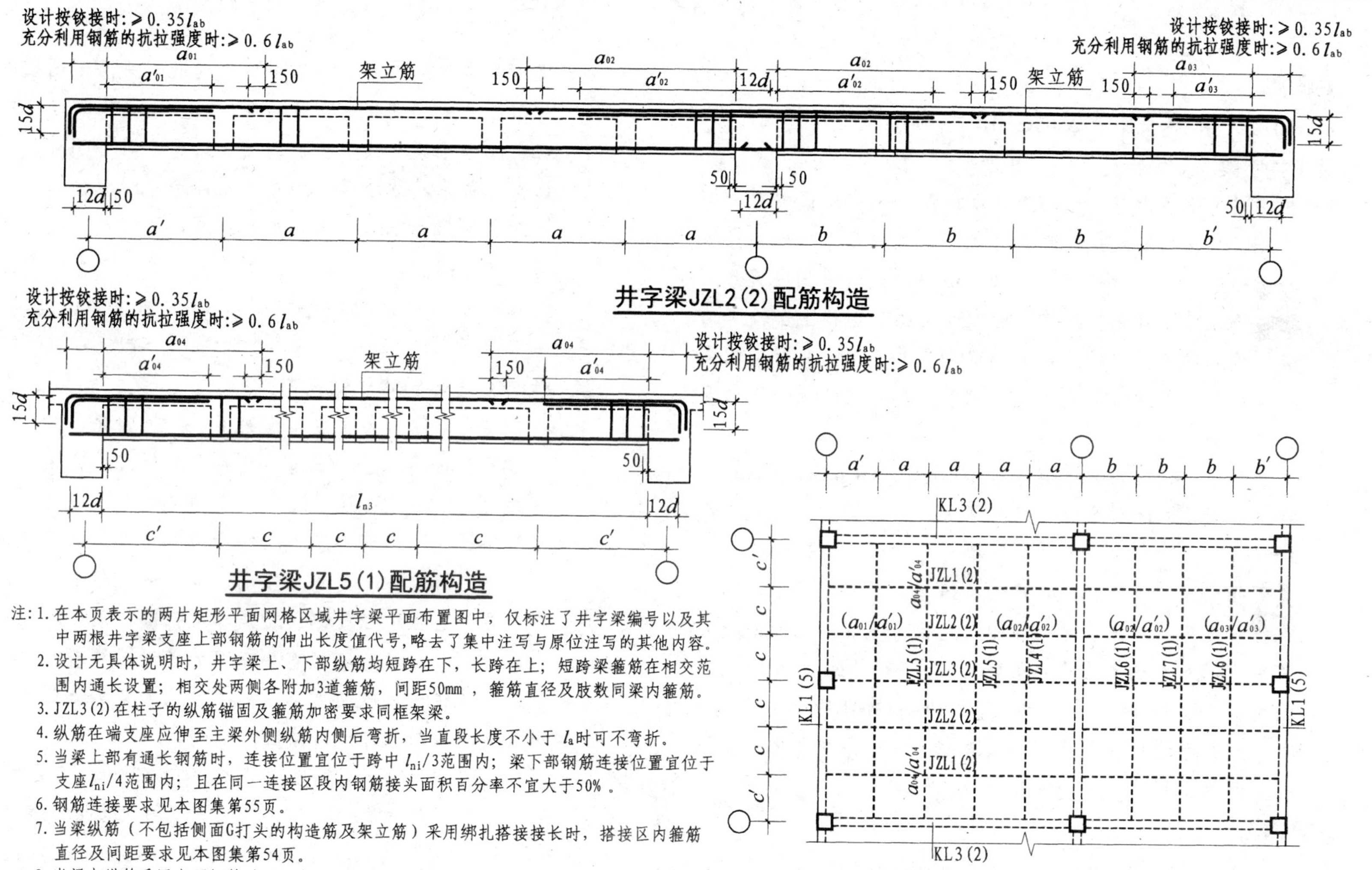

注：1. 在本页表示的两片矩形平面网格区域井字梁平面布置图中，仅标注了井字梁编号以及其中两根井字梁支座上部钢筋的伸出长度值代号，略去了集中注写与原位注写的其他内容。

2. 设计无具体说明时，井字梁上、下部纵筋均短跨在下，长跨在上；短跨梁箍筋在相交范围内通长设置；相交处两侧各附加3道箍筋，间距50mm，箍筋直径及肢数同梁内箍筋。

3. JZL3(2)在柱子的纵筋锚固及箍筋加密要求同框架梁。

4. 纵筋在端支座应伸至主梁外侧纵筋内侧后弯折，当直段长度不小于 l_a时可不弯折。

5. 当梁上部有通长钢筋时，连接位置宜位于跨中 $l_{ni}/3$范围内；梁下部钢筋连接位置宜位于支座$l_{ni}/4$范围内；且在同一连接区段内钢筋接头面积百分率不宜大于50%。

6. 钢筋连接要求见本图集第55页。

7. 当梁纵筋（不包括侧面G打头的构造筋及架立筋）采用绑扎搭接接长时，搭接区内箍筋直径及间距要求见本图集第54页。

8. 当梁中纵筋采用光面钢筋时，图中12d应改为15d。

9. 梁侧面构造钢筋要求见本图集第87页。

10. 图中"设计按铰接时"、"充分利用钢筋的抗拉强度时"由设计指定。

【解读】

11G101－1 第 91 页图系从 03G101－1 第 68 页全图复制。

关于井字梁的受力特征：

1. 井字梁区格系由双向板演变而来。混凝土双向板周边均为支座，双向配筋发挥双向受力性能，板厚较小自重较轻经济指标较好。当双向跨度较大时，板厚加大自重相应加大，此时将大跨度双向板区演变为双向区格和区格上部较薄的板，构成双向区格的等高截面梁即为井字梁。井字梁既能满足双向大跨度构件的强度与刚度需求，又能以较轻自重获得较好经济指标。
2. 井字梁区格的内力分布规律，与双向板内力分布规律相似。在同一区格内的两向相交的井字梁，短跨梁的内力相对长跨梁较大。为此，当为连续区格时，中间支座部位梁上部负弯矩分布值长跨梁通常反而比短跨小，相应梁支座端上部抵抗负弯矩的非贯通筋延伸长度长跨通常不长于短跨。
3. 井字梁的基本属性为非框架梁。但因井字梁区格双向跨度较大（可达 60 m 左右），区格周边主梁的刚度相应较大，支座对井字梁端部亦可有较大约束，井字梁端部构造配筋可参照非框架梁设置，但宜做加强处理。

关于井字梁设计与施工规则：

1. 具体设计的井字梁区格可有多种双向跨度组合，若由构造确定井字梁上部非贯通筋的延伸长度，其规则将较复杂，规则复杂将加大施工操作难度，为此，平法制图规则规定井字梁支座上部非贯通筋的延伸长度由具体设计注明。
2. 在双向井字梁交叉节点，因两交叉梁不具备明确的支承与被支承关系，故该节点为互为主体节点；双向井字梁纵筋均应贯穿互为主体节点；关于箍筋设置，应根据该节点距离何向井字梁的支座较近，则该向井字梁箍筋需覆盖节点设置，另一向井字梁箍筋则距交叉节点 50 mm 起始设置。
3. 双向井字梁交叉点是否设置附加箍筋，由设计者决定。

关于井字梁支座跨界构造修正：

1. 井字梁支座通常为主梁（框架梁），但因井字梁区格通常跨越多条轴线，区格周边通常有框架柱。当井字梁支承于框架柱时，应对支座端进行跨界构造修正。
2. 当井字梁支承在剪力墙平面外时，需要设计者根据实际受力状态，确定在此支承点按刚性连接还是半刚性连接，与其相应的是按足强度锚固还是非足强度锚固。当确定按刚性连接时，应注意可能需要在剪力墙设置扶壁柱以满足刚性连接直线锚固段所需空间，并可加大剪力墙侧向刚度确保其支承效果符合设计意图。
3. 井字梁跨度很大，相对弯矩亦大，倘若假定井字梁端部“充分利用钢筋的抗拉强度”，其支座边框架梁的平面外抗扭刚度必须非常高，但这样的结构几乎不存在。因此，假定井字梁端部“充分利用钢筋的抗拉强度”属于伪命题。

第 7 章　板构造解读

【原图】

11G101-1 第 92 页，有梁楼盖楼（屋）面板配筋构造：（全图见下一页）。

【解读】

该图系从 04G101-4 第25 页全图复制，仅在图注中对原图图注文字有少量改动。

关于有梁楼盖楼面板 LB 和屋面板 WB 钢筋构造：

1. 楼面和屋面板上部贯通纵筋受力较小的连接区域，通常在跨中部 1/2 净跨范围；但当采用非接触搭接并将接头百分率控制为 50%时，可在跨内任意位置连接。
2. 板上部非贯通纵筋向跨内的延伸长度，通常为净跨的 1/4 至 1/3，具体延伸长度应按设计标注。若将非贯通筋的延伸长度采用按梁上部负弯矩筋与净跨成确定比例的方式，当现浇板为双向板时，因双向板支座上部负弯矩的分布特点是小跨方向的负弯矩大于大跨方向，就应规定大跨方向的负弯矩筋的延伸长度应按小跨净跨的一定比例取值，又当现浇板为多板区时，还要考虑相邻板区的影响，如此必然造成复杂的取值条件，增加施工方面的难度。但在设计阶段确定负弯矩筋的延伸长度相对简单，为此，规定该延伸长度值由设计标注。
3. 板下部贯通纵筋在跨中部受拉，但在近支座范围转为受压，因此，在支座内采用构造锚固长度≥5d 且过支座中线即可。应注意：⑴当板支座为宽扁梁时，下部纵筋锚固至梁中线并无必要，此时应由设计确定适宜的锚固长度；设计未注时，锚固长度≥5d 且不小于 1/2 宽扁梁截面高度；⑵当采用光圆钢筋时，钢筋锚固端头不设 180°回头钩；⑶下部纵筋可贯穿支座，在近支座 1/4 净跨范围内连接；当采用非接触搭接并将接头百分率控制为 50%时，可在跨内任意位置连接。
4. 梁板式转换层位置的板下部贯通纵筋在支座内的锚固长度为 l_a，且宜设 180° 回头钩。
5. 板上部非贯通筋朝下设弯钩，弯钩端头支在现浇板底部模板上，其功能是防止浇筑混凝土时人或设备压低上部非贯通筋，使有效截面减小导致抗力不足；当采取设小马凳等措施支撑板上部非贯通筋且保证施工时不被压低时，可取消朝下弯钩（变形钢筋直接截断，光圆钢筋设回头钩）。

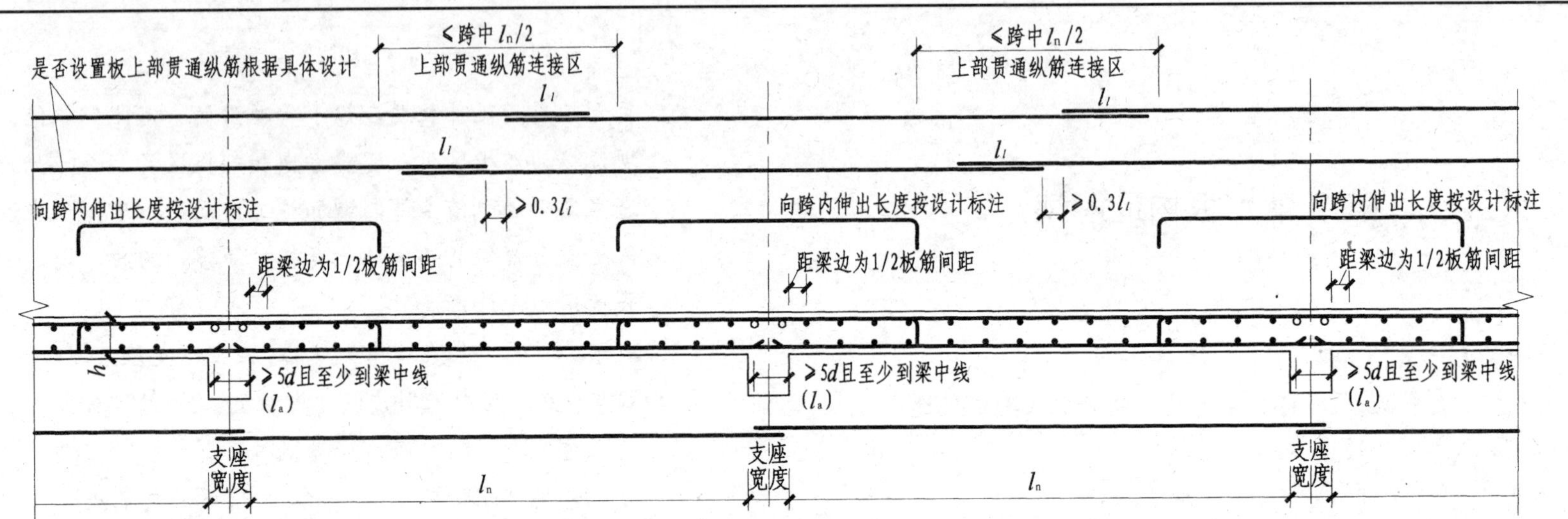

有梁楼盖楼面板LB和屋面板WB钢筋构造

（括号内的锚固长度l_a用于梁板式转换层的板）

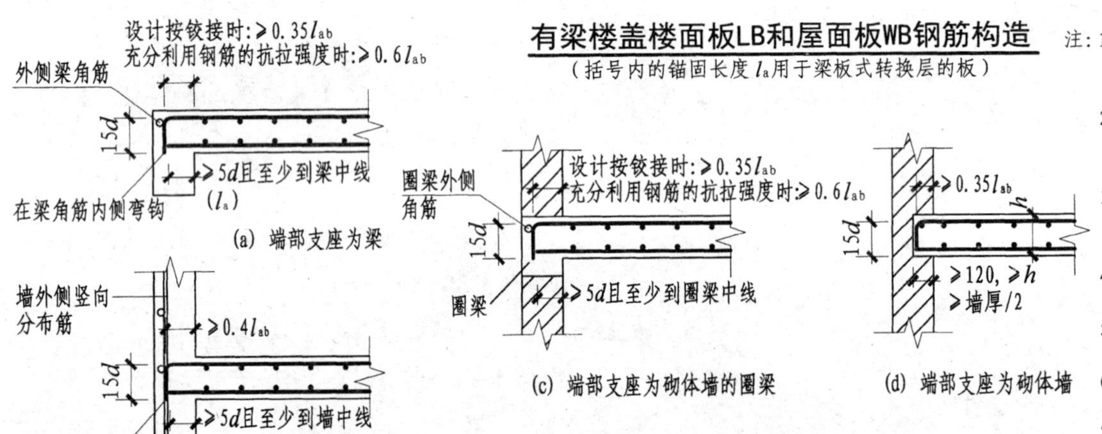

(a) 端部支座为梁

(b) 端部支座为剪力墙

（当用于屋面处，板上部钢筋锚固要求与图示不同时由设计明确）

(c) 端部支座为砌体墙的圈梁

(d) 端部支座为砌体墙

板在端部支座的锚固构造

（括号内的锚固长度l_a用于梁板式转换层的板）

注：1. 当相邻等跨或不等跨的上部贯通纵筋配置不同时，应将配置较大者越过其标注的跨数终点或起点伸出至相邻跨的跨中连接区域连接。

2. 除本图所示搭接连接外，板纵筋可采用机械连接或焊接连接。接头位置：上部钢筋见本图所示连接区，下部钢筋宜在距支座1/4净跨内。

3. 板贯通纵筋的连接要求见本图集第55页，且同一连接区段内钢筋接头百分率不宜大于50%。不等跨板上部贯通纵筋连接构造详见本图集第93页。

4. 当采用非接触方式的绑扎搭接连接时，要求见本图集第94页。

5. 板位于同一层面的两向交叉纵筋何向在下何向在上，应按具体设计说明。

6. 图中板的中间支座均按梁绘制，当支座为混凝土剪力墙、砌体墙或圈梁时，其构造相同。

7. 纵筋在端支座应伸至支座（梁、圈梁或剪力墙）外侧纵筋内侧后弯折，当直段长度≥l_a时可不弯折。

8. 图中"设计按铰接时"、"充分利用钢筋的抗拉强度时"由设计指定。

关于板在端部支座的锚固构造:

1. 图（a）端支座为梁:

(1) 板上部支座端纵筋锚固直线段要求“设计按铰接时：≥$0.35l_{ab}$；充分利用钢筋的抗拉强度时：≥$0.6l_{ab}$”。锚固直线段≥$0.35l_{ab}$再加 15d 受力弯钩可实现半刚接效果，但要求充分利用抗拉钢筋的抗拉强度，则不仅纵筋应实现足强度锚固，而且支座梁应具有足够的抗扭刚度，两个条件必须同时满足。

(2) 设计按铰接时，通常构造钢筋按单位宽度配筋面积不小于同方向跨中板下部单位宽度配筋截面积的 1/3(相当于不小于固接支座负弯矩配筋的 1/2)配置，其锚固方式为伸至支座对边角筋内侧，然后向下弯钩 12d(12d 为构造弯钩，15d 为受力弯钩)，工程实例可充分证明此构造方式的安全性和适用性能够达到预设目标。

(3) 梁端部支座宽度通常不具备满足锚固钢筋直段 $0.4l_{ab}$ 的条件，故当充分利用钢筋的抗拉强度时，除宽扁梁支座外，要求板上部纵筋锚固直线段≥$0.6l_{ab}$常无实际可操作性。

2. 图（b）端支座为剪力墙:

(1) 板上部支座端纵筋锚固直线段≥$0.4l_{ab}$再设 15d受力弯钩是板与墙刚性连接的要求，剪力墙宽度无法满足刚性连接要求的情况普遍存在，且板与墙的铰接与刚接均属于可靠连接，应有满足设计按铰接连接或刚性连接两种选择。

(2) 铰接连接解读同第 1 条第（2）款。

3. 图（c）端支座为砌体墙的圈梁：解读同第 1 条。

4. 图（d）端支座为砌体墙:

(1) 端支座为无圈梁的砌体墙，且板支入部分墙厚时，板端在砌体中可以转动，是比较典型的铰支座。

(2) 该典型铰支座的板端上部构造配筋，通常伸至尽端再向下弯钩 12d 或至板底即可，我国有长达半个世纪的砌体工程实例采用此构造并未发现问题。由于支座类型不同，对此类构造的要求同板梁节点，显然不对路。

关于图注:

1. 关于图注 5：应注意，当梁与板顶面相平时，板支座上部纵筋与梁箍筋在同一层面，梁纵筋在支座的上下交叉层面确定后，板两向上部纵筋的交叉层面亦相应确定。

2. 关于图注 6：除支座为剪力墙外，支承在梁及砌体墙的板支座下部纵筋受压，对光圆受压筋不宜设置 180° 回头钩。

3. 板上部纵筋在跨中 1/3 范围纯属受压，应注明其搭接长度 l_l 为受拉钢筋计算搭接长度 l_l 值的 0.7 倍，避免浪费钢材。

【原图】

11G101－1 第 93 页，有梁楼盖不等跨板上部贯通纵筋连接构造:

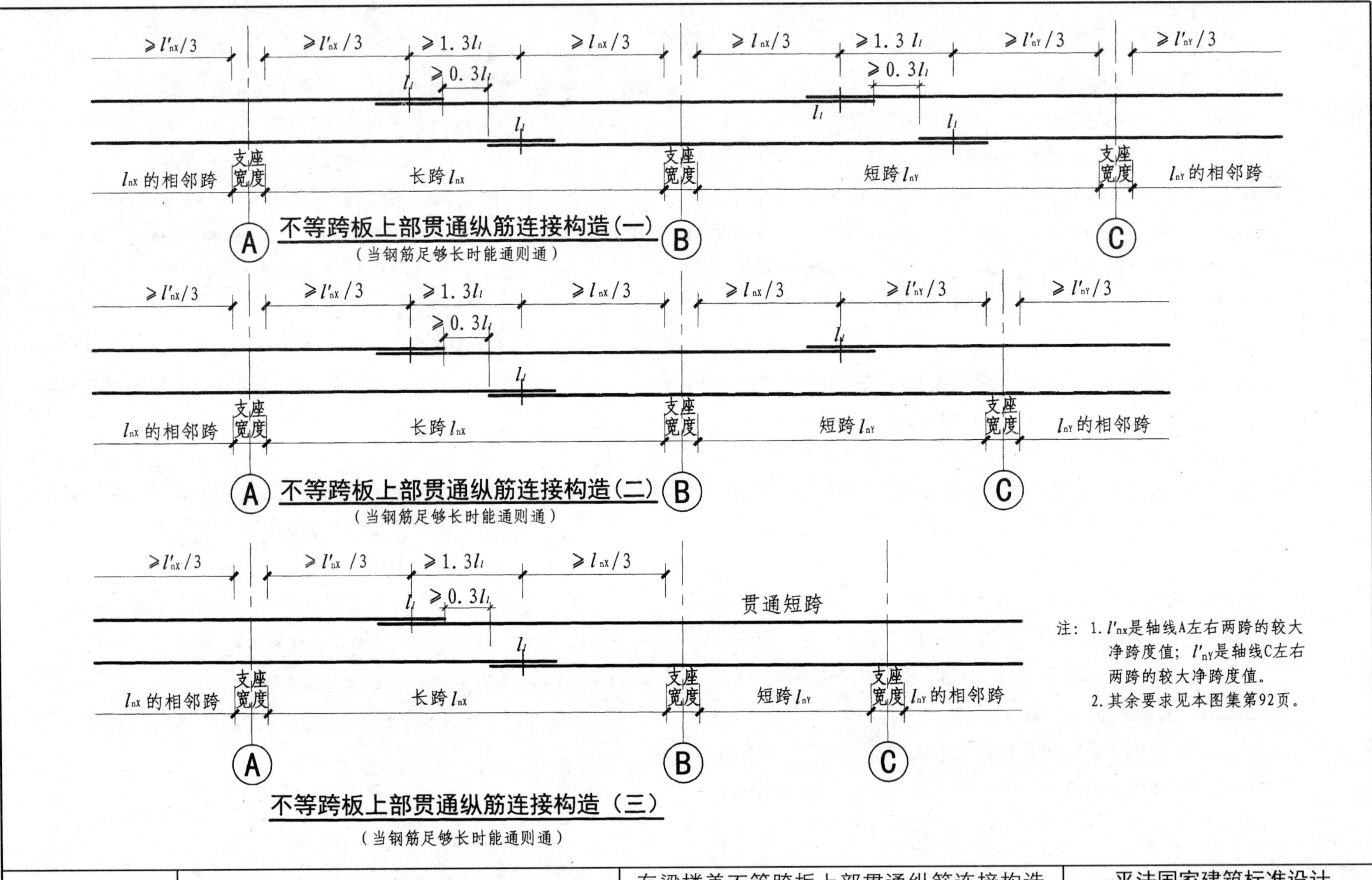

不等跨板上部贯通纵筋连接构造(一)

（当钢筋足够长时能通则通）

不等跨板上部贯通纵筋连接构造(二)

（当钢筋足够长时能通则通）

不等跨板上部贯通纵筋连接构造（三）

（当钢筋足够长时能通则通）

注：1. l′nX是轴线A左右两跨的较大净跨度值；l′nY是轴线C左右两跨的较大净跨度值。

2. 其余要求见本图集第92页。

【解读】

该图系从 04G101－4 第 26 页全图复制，仅对原图（二）短跨为受压钢筋的 100%搭接连接误改为按 50%，以及删去图注中的部分重要内容。

关于不等跨板上部贯通纵筋连接构造一：

1. 板长短跨交界支座左右两侧的上部贯通纵筋非连接区，分别按长跨的 1/3 取值；即板上部贯通纵筋非连接区在长跨一侧长度为长跨的 1/3、短跨一侧长度亦按长跨的1/3；这样取值的根据为连续板中间支座的负弯矩值相等，且分别朝各自跨中减小（收敛）的幅度接近。
2. 按上述取值规定，短跨一侧的跨度值仍然满足全部贯通纵筋分两批（各 50%）搭接的条件，即短跨一侧的跨度减去该跨两端的非连接区外，余者仍然≥1.3l_l。
3. 应注意连接区长度满足≥1.3l_l，系分两批搭接的钢筋各自搭接长度中线位于该范围内，即搭接钢筋允许伸入非连接区≤0.5 l_l。对比柱纵筋的连接区，按同一连接区概念亦应如此，但存在误认为搭接钢筋端头不得伸入非连接区的观点。

关于不等跨板上部贯通纵筋连接构造二：

1. 板长短跨交界支座左右两侧的上部贯通纵筋非连接区分别按长跨的 1/3 取值，但短跨一侧的跨度值不能满足全部贯通纵筋分两批（各 50%）搭接的条件，即短跨一侧的跨度减去该跨两端的非连接区外，余者＜1.3l_l。对于此种情况，04G101－4 的同名图规定在短跨进行 100%的钢筋搭接，应注意板上部钢筋在跨中 1/3 范围受压，在此范围的搭接长度 l_l为受拉钢筋计算搭接长度 l_l的 0.7 倍。
2. 但 11G101－1 的仿制者可能不理解平法原创思路，误以为此处不宜做 100%搭接，故规定 50%钢筋进行搭接连接，另外 50%钢筋贯通短跨；或仿制者不知道板上部钢筋在跨中 1/3 范围受压，板受压钢筋完全可做 100%搭接。

关于不等跨板上部贯通纵筋连接构造三：

1. 板长短跨交界支座左右两侧的上部贯通纵筋非连接区分别按长跨的 1/3 取值，但短跨一侧的跨度值小于两端分别计算的非连接区长度之和，即短跨特短的情况，此时可将纵筋全部贯通短跨至下一跨进行连接。
2. 当钢筋定尺较长且施工方便时，构造原则为“能通则通”。

其他：04G101－4 第 26 页同名图系考虑充分利用板上部贯通纵筋在跨中 1/3 范围的受压特性，尽可能在此区间搭接，可节省 0.3 倍搭接长度的钢筋。

【原图】

11G101－1 第 94 页，单（双）向板配筋示意，纵向钢筋非接触搭接构造：

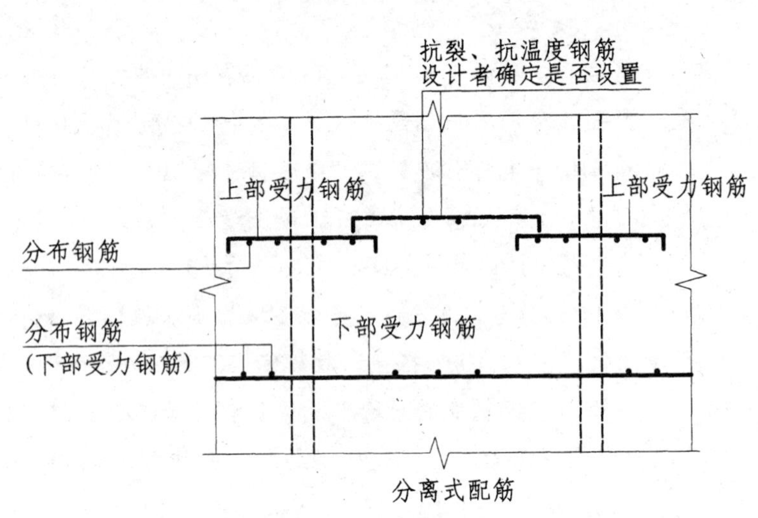

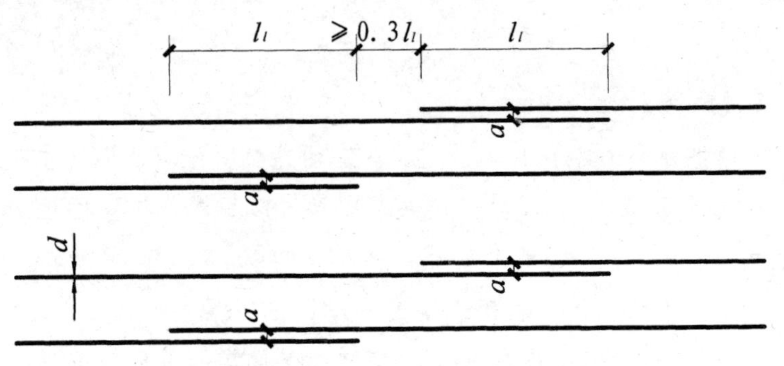

($30+d \leqslant a < 0.2l_l$ 及150的较小值)

纵向钢筋非接触搭接构造

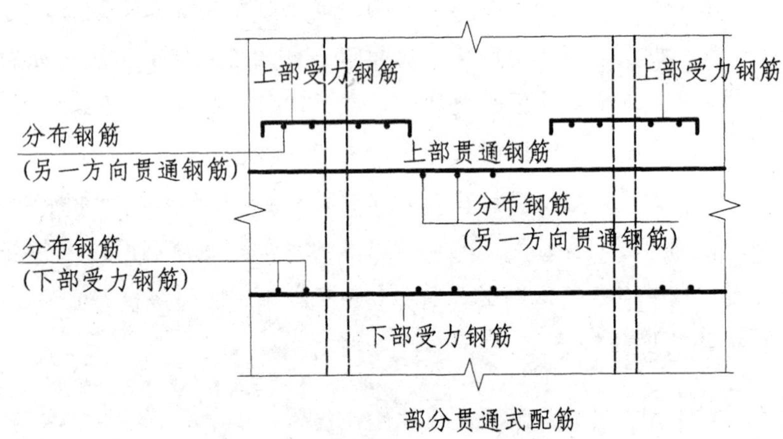

单（双）向板配筋示意

注：1. 在搭接范围内，相互搭接的纵筋与横向钢筋的每个交叉点均应进行绑扎。

2. 抗裂构造钢筋自身及其与受力主筋搭接长度为150，抗温度筋自身及其与受力主筋搭接长度为l_l。

3. 板上下贯通筋可兼作抗裂构造筋和抗温度筋。当下部贯通筋兼作抗温度钢筋时，其在支座的锚固由设计者确定。

4. 分布筋自身及与受力主筋、构造钢筋的搭接长度为150；当分布筋兼作抗温度筋时，其自身及与受力主筋、构造钢筋的搭接长度为l_l；其在支座的锚固按受拉要求考虑。

5. 其余要求见本图集第92页。

【解读】

该页右图系从04G101－4第27页同名图复制。

关于纵向钢筋非接触搭接构造:

1. 钢筋搭接的实质，是混凝土在搭接长度范围对钢筋的粘结锚固。为使钢筋足强度搭接，应确保搭接钢筋净距，使混凝土完全包裹钢筋，对搭接钢筋发挥最大粘结强度，从而产生最大粘结力；接触性搭接无法使混凝土完全包裹钢筋，粘结力大幅降低，无法实现足强度搭接连接目标，只好无奈将搭接范围设置在“受力较小处”。
2. 该图适用于板纵筋平行搭接，原创04G101－4第27页同名图还包括同轴非接触搭接构造。发达国家多采用非接触搭接，只要控制分批搭接面积不大于50%，通常不需要限制搭接位置。

关于单（双）向板配筋示意:

1. 按照混凝土结构基本原理关于分离式配筋定义，该图上图和下图均为分离式配筋，下图图名为“部分贯通式配筋”，因不存在这种“部分贯通式”的方式定义，故应为“部分贯通配筋”。
2. 在结构概念中有“防裂”钢筋，但不存在“抗裂”构造钢筋。由于钢筋混凝土受弯构件本体系带裂缝工作，除非施加预应力，采用非预应力普通钢筋均不能抗裂。此外，也不存在“抗温度”钢筋，结构随温度变化热胀冷缩是客观规律，温度不可抗也无必要去抗，但可控制热胀冷缩对结构的不利影响。总之，科技术语应用词严谨，避免随意降低品位。
3. 现行《混规》第9.8.1条规定：“在温度、收缩应力较大的现浇板区域，应在板的表面双向配置防裂构造钢筋。配筋率均不宜小于0.10%，间距不宜大于200 mm。防裂构造钢筋可利用原有钢筋贯通布置，也可另行设置钢筋并与原有钢筋按受拉钢筋的要求搭接或在周边构件中锚固。”
4. 图注中将“抗裂构造钢筋”与“抗温度筋”分为两类，且要求前者搭接长度为150 mm，后者搭接长度为l_l。问题在于施工方面不具备识别两类钢筋的条件，应注意按现行《混规》第9.8.1条规定设置防裂构造钢筋，系设置在温度、收缩应力较大的现浇板区域，并未要求按“抗裂”、“抗温度”分类设置。
5. 防裂钢筋为构造配筋，其重要性高于分布筋；构造钢筋兼有分布筋的功能，而分布筋“兼作”构造筋的概念有误。

【原图】

11G101－1第95页，悬挑板XB钢筋构造，无支撑板端部封边构造，折板配筋构造：

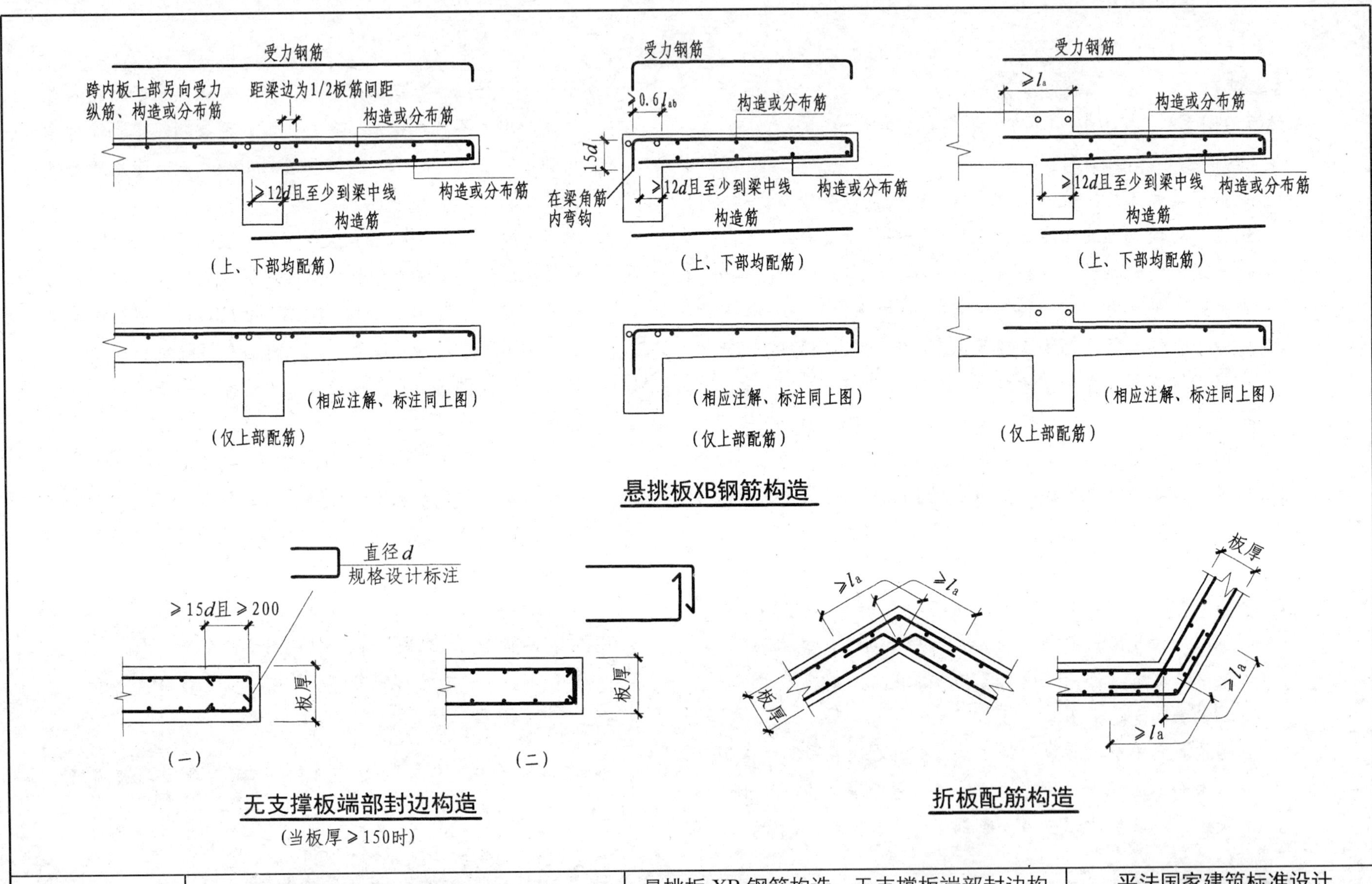
受力钢筋
跨内板上部另向受力
纵筋、构造或分布筋
距梁边为1/2板筋间距
构造或分布筋
≥12d且至少到梁中线
构造或分布筋
构造筋
（上、下部均配筋）
受力钢筋
≥0.6l_{ab}
构造或分布筋
15d
≥12d且至少到梁中线
构造或分布筋
在梁角筋
内弯钩
构造筋
（上、下部均配筋）
受力钢筋
≥l_a
构造或分布筋
≥12d且至少到梁中线
构造或分布筋
构造筋
（上、下部均配筋）
（相应注解、标注同上图）
（仅上部配筋）
（相应注解、标注同上图）
（仅上部配筋）
（相应注解、标注同上图）
（仅上部配筋）
悬挑板XB钢筋构造
直径d
规格设计标注
≥15d且≥200
板厚
（一）
板厚
（二）
无支撑板端部封边构造
（当板厚≥150时）
≥l_a
≥l_a
板厚
板厚
板厚
≥l_a
≥l_a
折板配筋构造

【解读】

该页悬挑板 XB 钢筋构造系从 04G101－4 第 28 页同名图复制。

关于悬挑板 XB 钢筋构造：

1. 第 1 排左数第 2 图要求悬挑板上部纵筋锚入支座直线段锚长≥0.6l_{ab}，如果支座梁的宽度不能满足此条件，应按“等强度、等截面积”代换原则将上部纵筋代换为较细直径。通常板的分布钢筋直径不宜小于 6 mm，构造钢筋直径不宜小于 8 mm，受力钢筋直径不宜小于 10 mm。
2. 悬挑板上部纵筋锚入支座后即向下微弯折，钢筋以外的混凝土逐渐加厚，斜向锚入≥0.4l_{ab}再向下垂直弯钩长 15d，同样可达“足强度锚固”效果。
3. 原 04G101－4 第 28 页同名图在板前端下角点将上部纵筋的垂直弯钩再向内弯折 90°，继续增加长 5d 的“护角”弯钩，其功能为将板前端下角封闭，实现板前端“封边”，其构造原理与在板端部采用 U 形筋封边相同。
4. 11G101－1 同名图取消了 5d 护角弯钩，回归过去的传统做法。传统做法的形成年代通常无其他物体固定在悬挑板的端部，由于传统做法板前端下角点钢筋未封闭，当在悬挑板端部固定牌匾或门窗时，该角点混凝土容易碎裂，故传统构造应与时俱进。
5. 仅在悬挑板上部配筋的方式属“非封闭型”配筋，该种配筋方式在国内有向“封闭型”配筋转变的趋势。

关于无支撑板端部封边构造：

1. “无支撑板端部”的准确用语为“板的无支承端部”，板的无支承端部的形象术语为“板自由端”。
2. 在板自由边设置封边构造的前提条件，按现行《混规》第 9.1.10 条规定为当板厚不小于 150 mm 时宜设置。

关于折板配筋构造：

1. 折板配筋构造的原则，为阳角位置钢筋弯折贯通，阴角位置钢筋交叉搭接。钢筋在阴角位置的交叉搭接长度，通常为相对斜向伸入（或有钝角弯折）的总长度抗震为 l_{aE}，非抗震为 l_a（板通常为非抗震）。
2. 折板配筋构造原则与斜交转角墙相同，但 11G101－1 第 68 页的斜交转角墙构造未按相同原则（与形式逻辑的同一律相悖），参见本书对该页构造的解读。

【原图】

11G101－1 第 96 页，无梁楼盖柱上板带 ZSB 纵向钢筋构造，跨中板带 KZB 纵向钢筋构造：

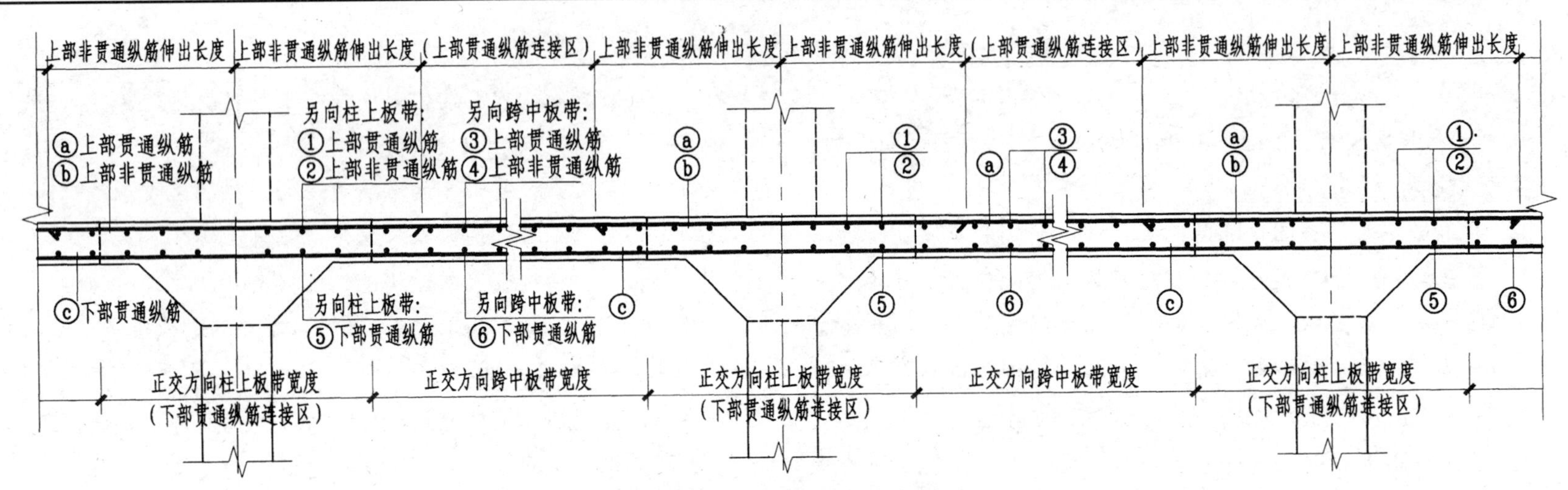

柱上板带ZSB纵向钢筋构造

（板带上部非贯通纵筋向跨内伸出长度按设计标注）

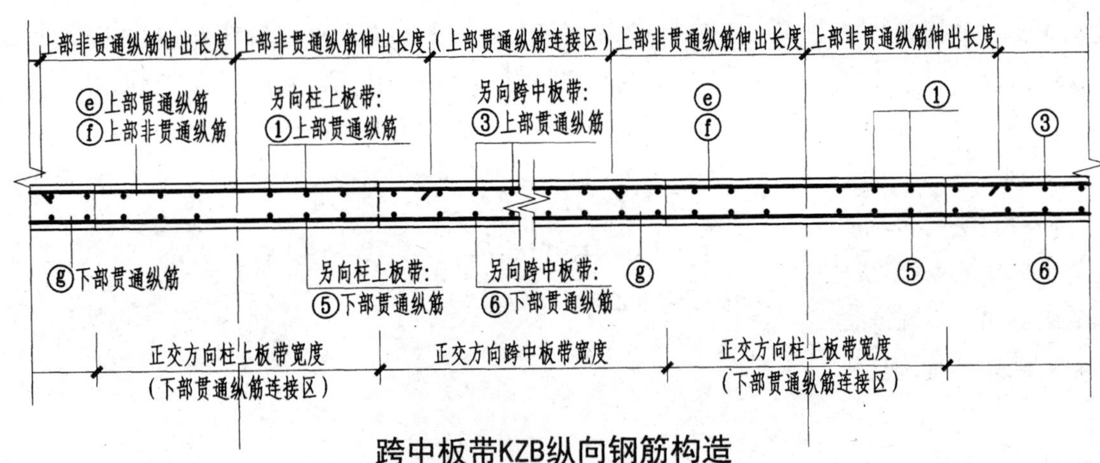

跨中板带KZB纵向钢筋构造

（板带上部非贯通纵筋向跨内伸出长度按设计标注）

注：1. 当相邻等跨或不等跨的上部贯通纵筋配置不同时，应将配置较大者越过其标注的跨数终点或起点伸出至相邻跨的跨中连接区域连接。

2. 板贯通纵筋的连接要求详见本图集第55页纵向钢筋连接构造，且同一连接区段内钢筋接头百分率不宜大于50%。不等跨板上部贯通纵筋连接构造详见本图集第93页。当采用非接触方式的绑扎搭接连接时，具体构造要求详见本图集第94页。

3. 板贯通纵筋在连接区域内也可采用机械连接或焊接连接。

4. 板位于同一层面的两向交叉纵筋何向在下何向在上，应按具体设计说明。

5. 本图构造同样适用于无柱帽的无梁楼盖。

6. 板带端支座与悬挑端的纵向钢筋构造见本图集第97页。

7. 抗震设计时，无梁楼盖柱上板带内贯通纵筋搭接长度应为l_{lE}。无柱帽柱上板带的下部贯通纵筋，宜在距柱面2倍板厚以外连接，采用搭接时钢筋端部宜设置垂直于板面的弯钩。

【解读】

该页图系从 04G101－4 第 29 页同名图复制。

关于柱上板带 ZSB、跨中板带 KZB 纵向钢筋的设计标注：

1. 柱上板带由设计者进行集中标注和原位标注。
2. 集中标注应在板带贯通纵筋配置相同跨的第一跨（X 向为左端跨，Y 向为下端跨）注写。相同编号的板带可择其一做集中标注，其他仅注写板带编号（注在圆圈内）。
3. 板带集中标注的具体内容为：板带编号，板带厚及板带宽，箍筋和贯通纵筋。
4. 贯通纵筋按板带下部和板带上部分别注写，并以 B 代表下部，T 代表上部，B&T 代表下部和上部。当采用放射配筋时，设计者应注明配筋间距的度量位置，必要时补绘配筋平面图。
5. 箍筋系选注内容，当将柱上板带设计为暗梁时才注，注写内容包括钢筋级别、直径、间距与肢数（写在括号内）。当具体设计采用两种箍筋间距时，先注写板带近柱端的第一种箍筋，并在前面加注箍筋道数，再注写板带跨中的第二种箍筋（不需加注箍筋道数）；不同箍筋配置用斜线“/”相分隔。
6. 设计应注意板带中间支座两侧上部贯通纵筋的协调配置，施工及预算应按具体设计和相应标准构造要求实施。
7. 板带支座原位标注的具体内容为板带支座上部非贯通纵筋。不同部位的板带支座上部非贯通纵筋相同者，可仅在一个部位注写，其余则在代表非贯通纵筋的线段上注写编号。
8. 当板带支座非贯通纵筋自支座中线向两侧对称延伸时，其延伸长度可仅在一侧标注；当配置在有悬挑端的边柱上时，该筋延伸到悬挑尽端，设计不注。当支座上部非贯通纵筋呈放射分布时，设计者应注明配筋间距的度量位置。
9. 当板带上部已经配有贯通纵筋，但需增加配置板带支座上部非贯通纵筋时，应结合已配同向贯通纵筋的直径与间距，采取“隔一布一”的方式。

关于柱上板带 ZSB 纵向钢筋构造与跨中板带 KZB 纵向钢筋构造：

1. 柱上板带、跨中板带均设置下部纵筋、上部纵筋连接区。
2. 下部纵筋连接区范围与其正交方向上的柱上板带宽度相同；上部纵筋连接区范围系将轴线跨度除去两端上部非贯通纵筋延伸长度后的跨中部分。这样设置，可确保纵筋连接区均位于无梁楼盖板的受压范围内，从而可选择采用受压钢筋的搭接长度，实现科学用钢。

【原图】

11G101－1 第 97 页，板带端支座纵向钢筋构造，板带悬挑端纵向钢筋构造，柱上板带暗梁钢筋构造：

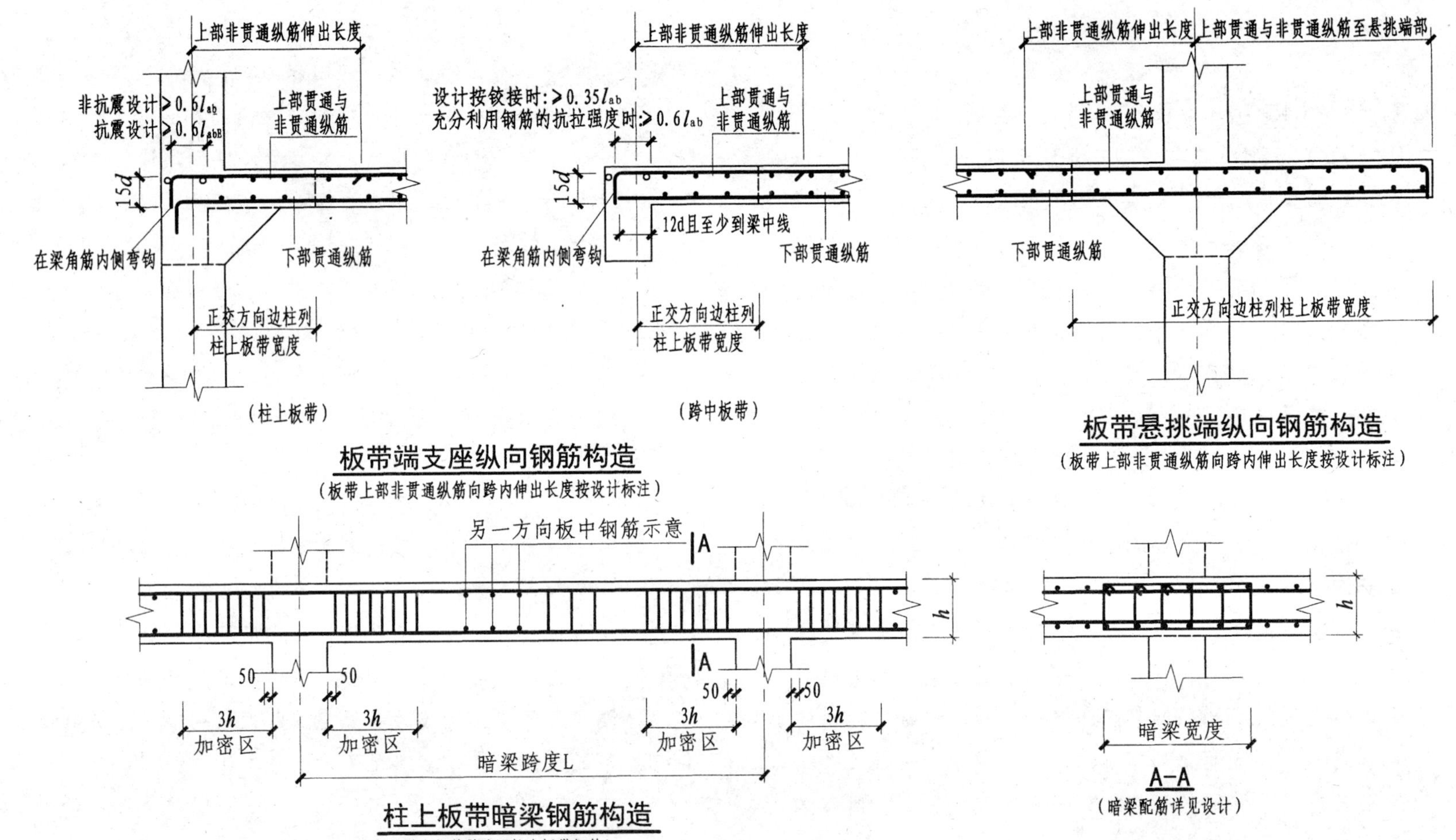

板带端支座纵向钢筋构造
(板带上部非贯通纵筋向跨内伸出长度按设计标注)

板带悬挑端纵向钢筋构造
(板带上部非贯通纵筋向跨内伸出长度按设计标注)

柱上板带暗梁钢筋构造
(纵向钢筋做法同柱上板带钢筋)

注:1. 本图板带端支座纵向钢筋构造、板带悬挑端纵向钢筋构造同样适用于无柱帽的无梁楼盖，且仅用于中间楼层。屋面处节点构造由设计者补充。

2. 柱上板带暗梁仅用于无柱帽的无梁楼盖，箍筋加密区仅用于抗震设计时。

3. 其余要求见本图集第96页。

4. 图中“设计按铰接时”、“充分利用钢筋的抗拉强度时”由设计指定。

【解读】

该页图的板带端支座纵向钢筋构造和板带悬挑端纵向钢筋构造系从 04G101－4 第 30 页同名图复制。

关于板带端支座纵向钢筋构造：

1. （柱上板带）端支座构造中，要求上部纵向钢筋水平段锚固长度抗震设计≥$0.6l_{abE}$、非抗震设计≥$0.6l_{ab}$ 不适用于柱帽相应尺寸范围。因该柱帽尺寸范围已足够满足水平段锚固长度要求。
2. （柱上板带）端支座构造在柱帽以外部分，要求上部纵向钢筋水平段锚固长度“抗震设计≥$0.6l_{abE}$、非抗震设计≥$0.6l_{ab}$”时需要较宽截面的边梁，当边梁截面宽度不足时，采取将柱上板带纵筋进行“等强、等截面积”代换，将连带许多部位的配筋构造做出相应调整，这将给设计或施工造成不必要的麻烦。
3. （跨中板带）端支座构造要求上部纵向钢筋水平段锚固长度“充分利用钢筋的抗拉强度时≥$0.6l_{ab}$”时需要较宽截面的边梁，而无梁楼盖板带配筋直径通常大于有梁楼盖板配筋直径，故无梁楼盖边梁通常不能满足该要求，现行《混规》中并无此类构造做法规定。

关于板带悬挑端纵向钢筋构造：

1. 通常正交方向上的柱上板带宽度对称于柱轴线，且小于上部非贯通纵向钢筋分别向轴线两侧的延伸长度，但当板带有悬挑端时，柱上板带关于边柱外侧的宽度则与悬挑尺寸相同。
2. 图面显示的板带悬挑端的尽端，当未设置悬挑板挑檐时，则为正交方向柱上板带的自由端，应注意在该自由端应采用封边构造。

关于柱上板带暗梁钢筋构造：

1. 现行《混规》第 11.9.5 条规定：“无柱帽平板宜在柱上板带中设构造暗梁，暗梁宽度可取柱宽加柱两侧各不大于 1.5 倍板厚。暗梁支座上部纵向钢筋应不小于柱上板带纵向钢筋截面面积的 1/2，暗梁下部纵向钢筋不宜少于上部纵向钢筋截面面积的 1/2。暗梁箍筋直径不应小于 8 mm，间距不宜大于 3/4 倍板厚，肢距不宜大于 2 倍板厚，支座处暗梁箍筋加密区长度不应小于 3 倍板厚，其箍筋间距不宜大于 100 mm，肢距不宜大于 250 mm。”
2. 应注意暗梁箍筋配置已能覆盖抗冲切箍筋，当出现重复设计时，施工不需要重复配置，原则为“取大者”。

【原图】

11G101－1 第 98 页，板后浇带 HJD 钢筋构造，墙后浇带 HJD 钢筋构造，梁后浇带 HJD 钢筋构造：

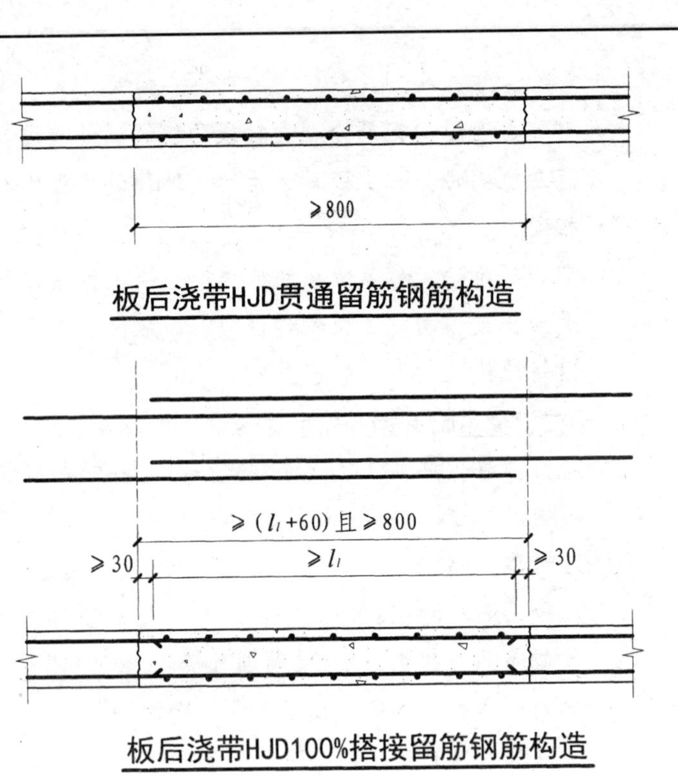

板后浇带HJD贯通留筋钢筋构造

板后浇带HJD100%搭接留筋钢筋构造

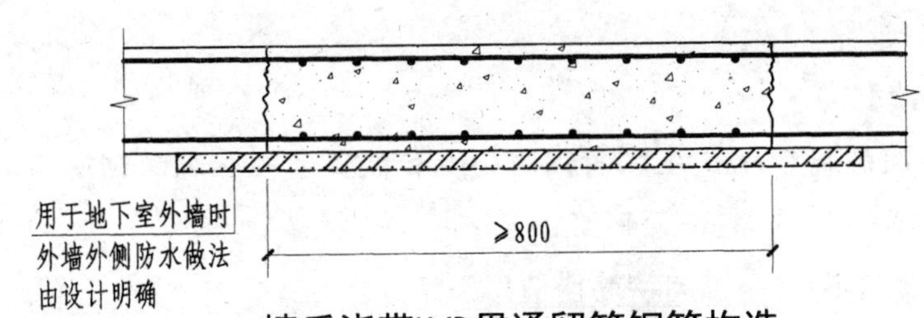

墙后浇带HJD贯通留筋钢筋构造

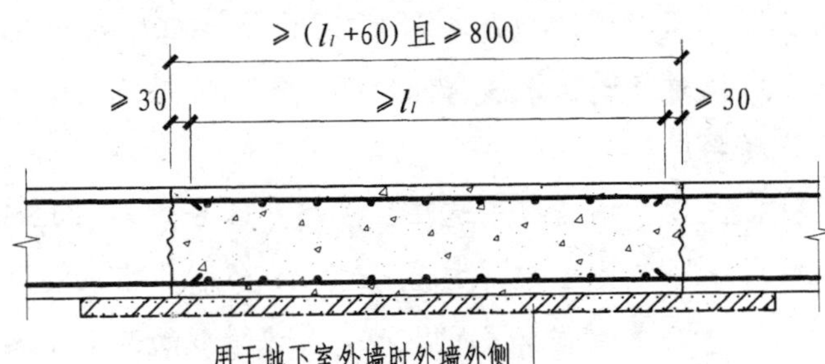

墙后浇带HJD100%搭接钢筋构造

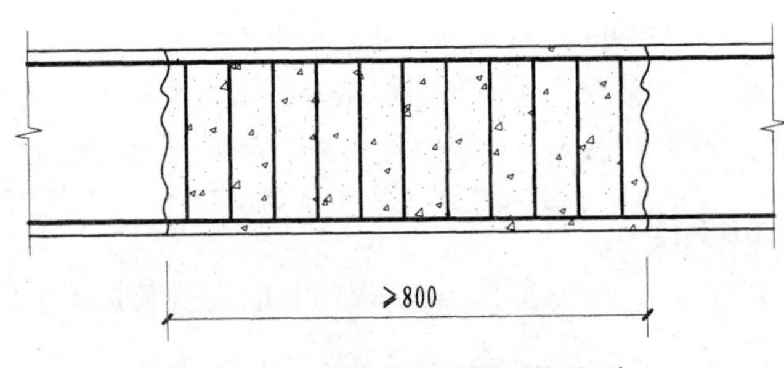

梁后浇带HJD贯通留筋钢筋构造

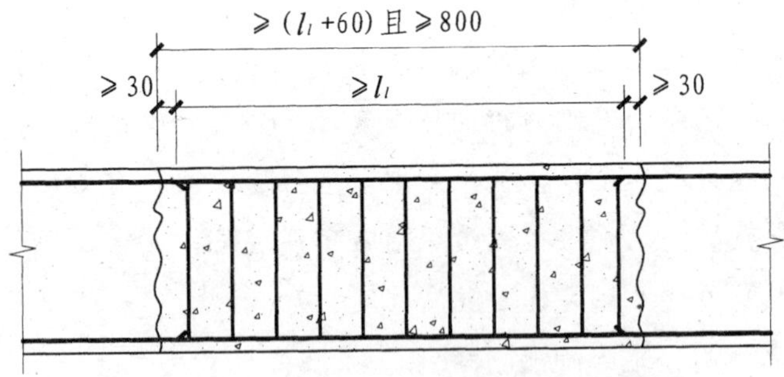

梁后浇带HJD100%贯通留筋钢筋构造

【解读】

该页图的板后浇带 HJD 钢筋构造系从 04G101－4 第 31 页同名图复制。

关于板后浇带 HJD 钢筋构造：

1. 板后浇带有贯通留筋和 100%搭接留筋等方式。应注意无论采用何方式，只能部分化解混凝土构件的硬化收缩，而不能消除混凝土结构的热胀冷缩。
2. 采用贯通留筋方式，当混凝土浇筑成型并达到设计要求的留存时间后，后浇带贯通留筋的冷拉变形与两侧混凝土实体的收缩变形达到平衡状态，此时，可采用无收缩或微膨胀混凝土浇筑后浇带。
3. 采用 100%搭接留筋方式，能够更好地化解混凝土构件的硬化收缩。由于我国的搭接连接长度系采用接触性搭接方式的试验结果，当为 100%搭接时搭接长度取 $l_l=1.6l_a$，比 100%非接触搭接所需搭接长度长出 25%左右，且搭接效果不佳（规定在受力较小处进行搭接）。因此，对 100%搭接留筋方式采用非接触搭接，由于搭接长度取 $1.6l_a$ 偏长，安全储备有裕量，故为首选措施。

关于墙后浇带 HJD 钢筋构造：

1. 与板后浇带相同，墙后浇带有贯通留筋和 100%搭接留筋等方式。且无论采用何方式，只能部分化解混凝土构件的硬化收缩，而不能消除混凝土结构的热胀冷缩。
2. 该页的墙后浇带 HJD 贯通留筋与 100%搭接留筋两个构造图漏掉了墙体拉筋。施工在补设墙体拉筋时应注意，第一道拉筋应拉住后浇带两侧第一根和最后一根竖向分布筋与水平分布筋的交叉点，且宜沿后浇带竖向高度排拉，后浇带中部拉筋则与两边墙体拉筋相同。
3. 墙后浇带采用 100%搭接留筋方式，亦可比贯通留筋方式更好地化解混凝土构件的硬化收缩；且当采用非接触搭接时，连接效果大幅优于接触性搭接连接。

关于梁后浇带 HJD 钢筋构造：

1. 梁后浇带宜选择距梁端部 1/4 至 1/3 净跨部位。在此部位，负弯矩或正弯矩分别相对其最大值降幅通常超过 50%，且剪力相对最大值降幅通常不小于 50%。
2. 梁后浇带 100%搭接留筋（图名错写成“100%贯通留筋”）宜优先采用同轴心非接触搭接方式。
3. 梁后浇带采用 100%搭接留筋方式，在后浇带范围箍筋间距应加密。

【原图】

11G101－1 第 99 页，板加腋 JY 构造，局部升降板 SJB 构造（一）：

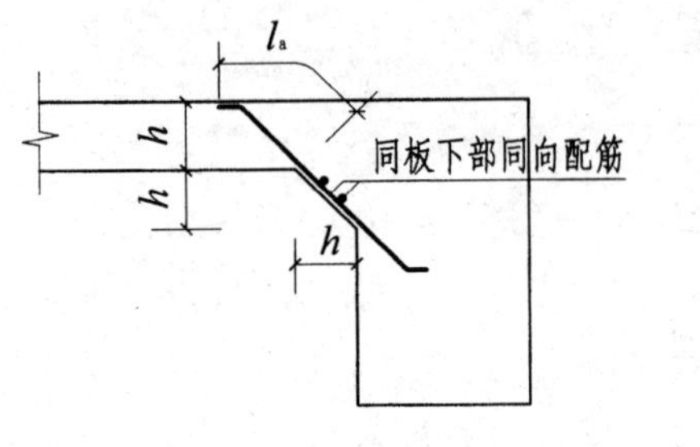

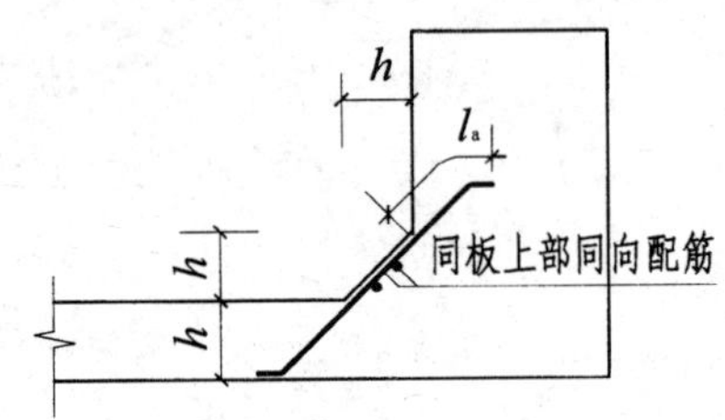

板加腋JY构造

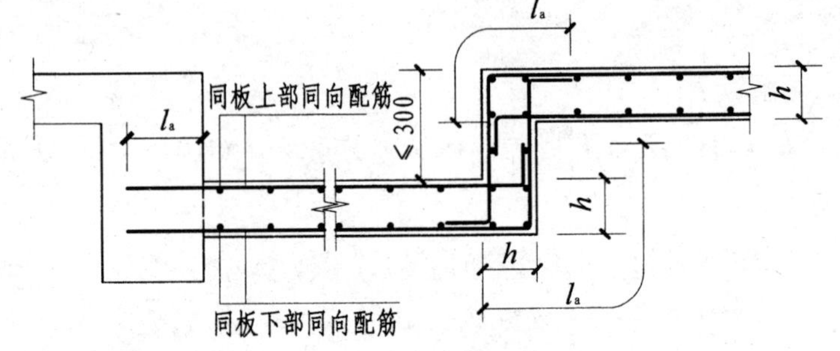

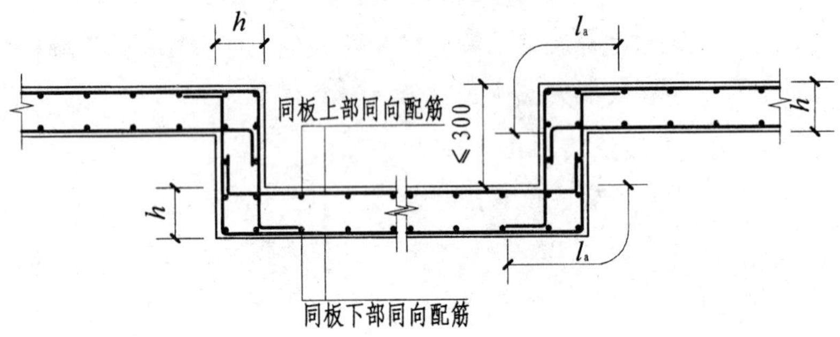

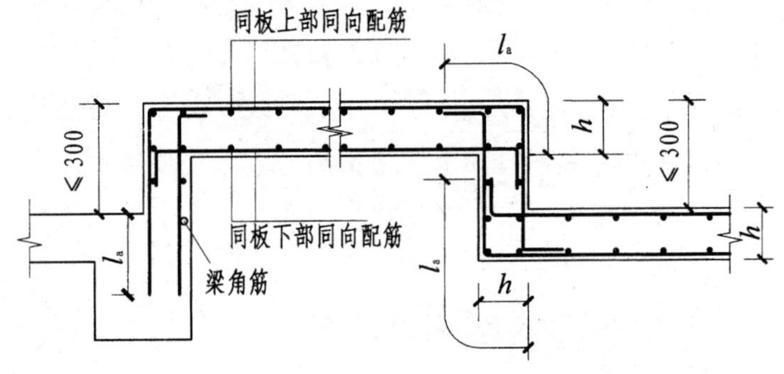

局部升降板SJB构造(一)

(侧边为梁)

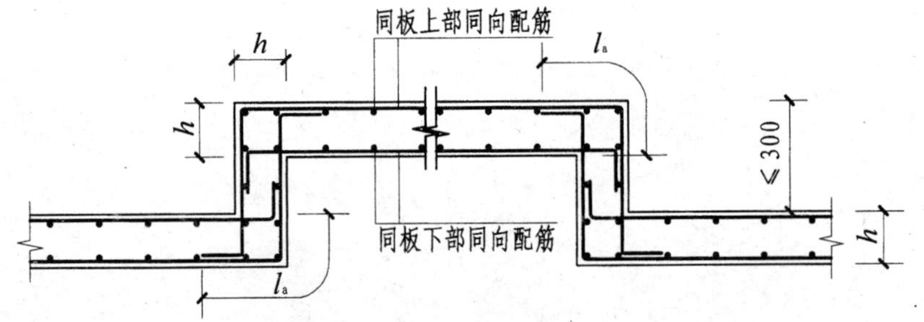

局部升降板SJB构造(一)

(板中升降)

注：1. 局部升降板升高与降低的高度限定为≤300，当高度>300时，设计应补充配筋构造图。
2. 局部升降板的下部与上部配筋宜为双向贯通筋。
3. 本图构造同样适用于狭长沟状降板。

【解读】

该页图系从04G101－4第32页同名图复制。

关于板加腋JY构造：

1. 本图所示板加腋为构造加腋，其腋宽与腋高均与板厚相同，腋部配筋亦与板的同向配筋相同。
2. 当构造加腋不能满足受力需求时，其受力腋宽与腋高尺寸和腋部配筋应由设计者提供。

关于局部升降板SJB构造（一）：

1. 本图所示局部升降板构造为构造升降，其升降幅度均≤300 mm，此时低位板顶距高位板底的距离不大于板厚的2倍，其竖向截面为刚性。
2. 该图的局部升降板有双侧均为板和一侧为梁一侧为板两种类型，图中板配筋为一向板筋均画在最外层，另一正交方向的板筋均画在第二层。实际工程的板配筋所在层面[1]与图示可有不同。
3. 当升降幅度＞300 mm时，应由设计者计算设计升降板。

[1] 钢筋"分层"与"分排"的定义不同。钢筋分层系指从构件外表面起向内分层，两相邻钢筋层的钢筋交叉接触；例如：剪力墙的水平分布筋设在第一层，竖向分布筋设在第二层，剪力墙连梁纵筋设在第三层。钢筋分排同样系指从外表面向内分排，但两相邻排的钢筋为相互平行的纵筋且留有净距；例如：梁上部（或下部）第一排纵筋与第二排纵筋相互平行，且两排纵筋之间应留有净距；第一排纵筋均在外侧，即梁上部第二排纵筋在第一排下方，梁下部第二排纵筋在第一排上方。

【原图】

11G101－1第100页，局部升降板SJB构造（二）：

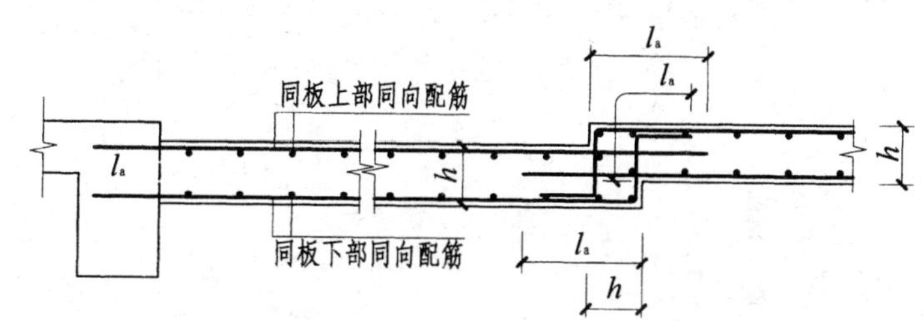

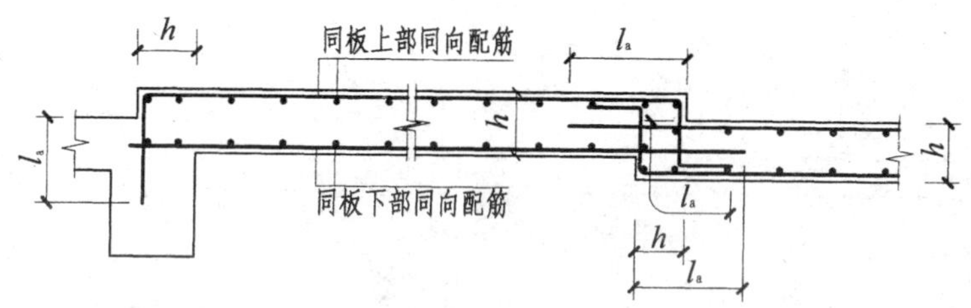

局部升降板SJB构造（二）

（侧边为梁）

注：1. 本图构造适用于局部升降板升高与降低的高度小于板厚的情况，高度大于板厚见本图集第99页。
2. 局部升降板的下部与上部配筋宜为双向贯通筋。
3. 本图构造同样适用于狭长沟状降板。

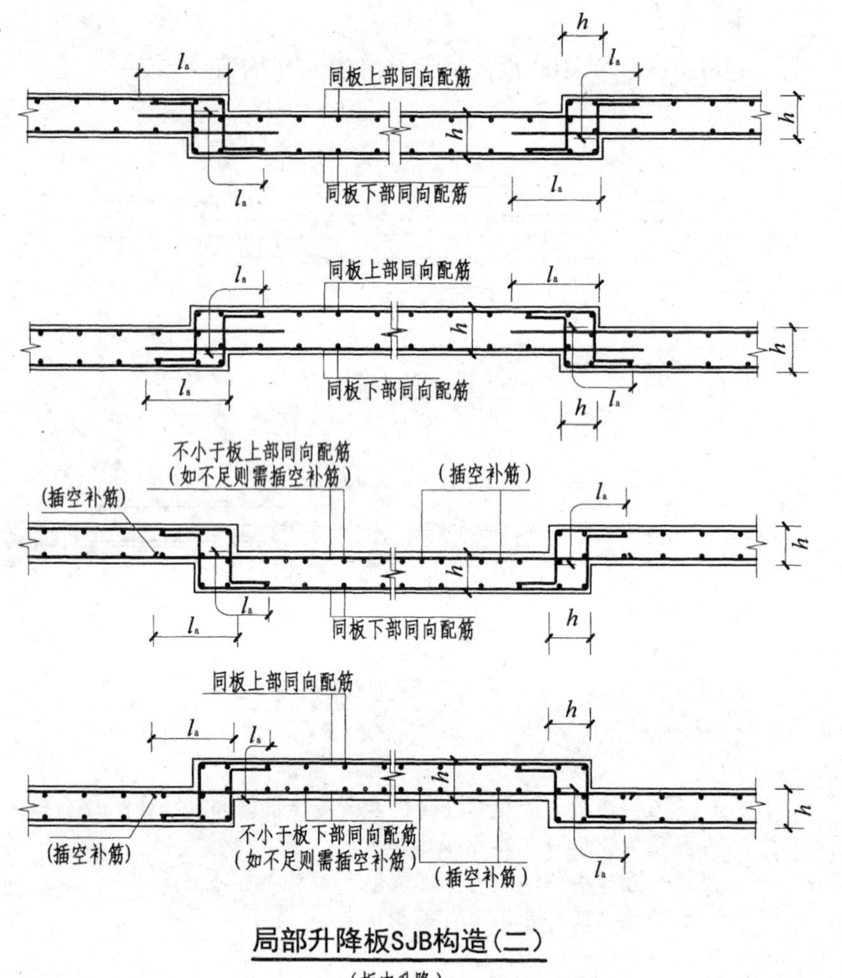

局部升降板SJB构造（二）

（板中升降）

【解读】

该页图系从04G101－4第33页同名图复制。

1. 本图所示局部升降板构造为构造升降，其升降幅度均≤300 mm，且升降高度均小于板厚。
2. 当低位板顶高于高位板底的尺寸允许钢筋贯通时，则适用纵筋能通则通原则（见左边第三、四两图）。但应注意允许钢筋贯通并不局限于“直通”，由于升降高度均小于板厚，低位板顶与高位板底虽然存在高差，但仍可将钢筋弯折后贯通，且贯通后的钢筋弯折段在刚性角内，对板的抗力无负面影响。弯折贯通能否实现，取决于钢筋工的技术水平。
3. 本图关于局部升降板的配筋表达，为一向板筋均画在最外层，另一正交方向的板筋均画在第二层。实际工程的板配筋所在层面与图示可有不同。

【原图】

11G101－1第101页，板开洞BD与洞边加强构造一（洞边无集中荷载）；11G101－1第102页，板开洞BD与洞边加强钢筋构造二（洞边无集中荷载）；11G101－1第103页，悬挑板阳角放射筋Ces构造：

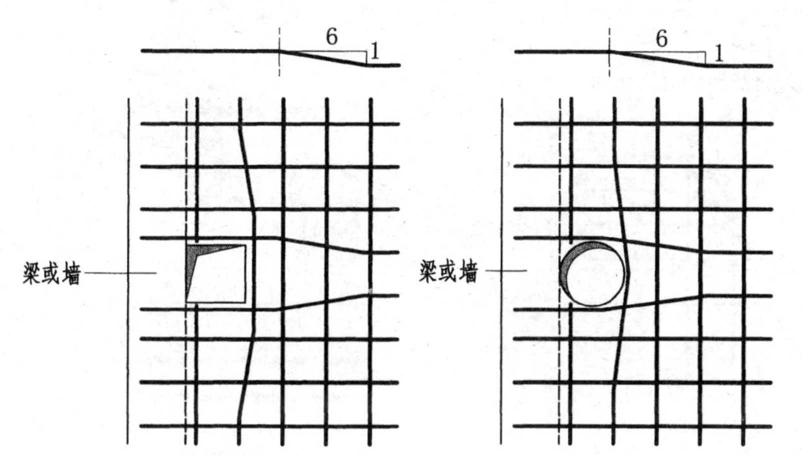

梁边或墙边开洞

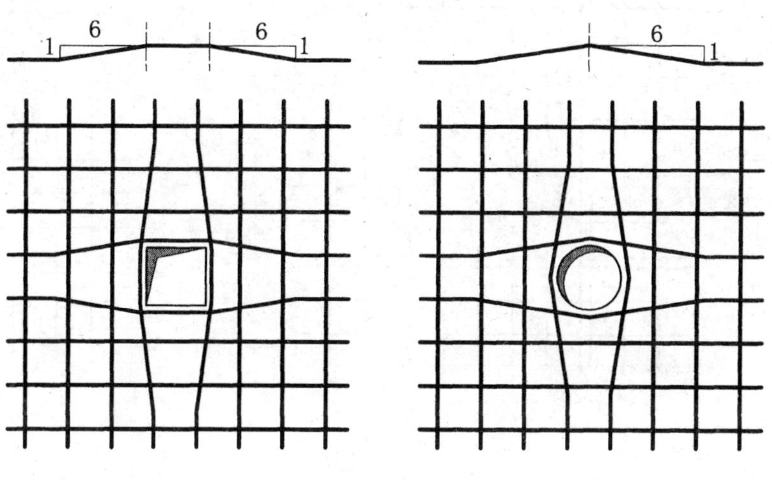

板中开洞

矩形洞边长和圆形洞直径不大于300时钢筋构造

（受力钢筋绕过孔洞，不另设补强钢筋）

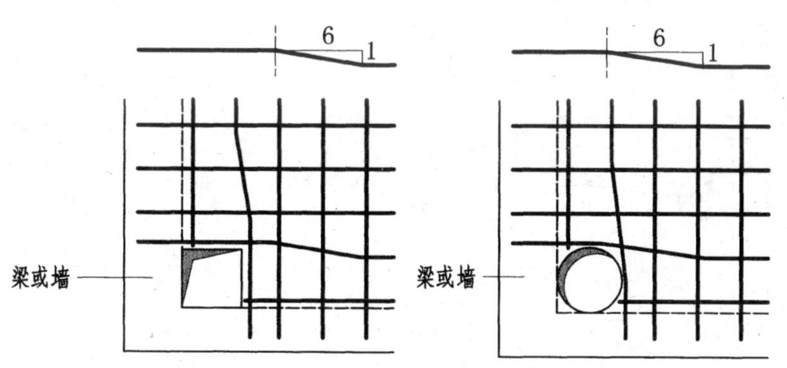

梁交角或墙角开洞

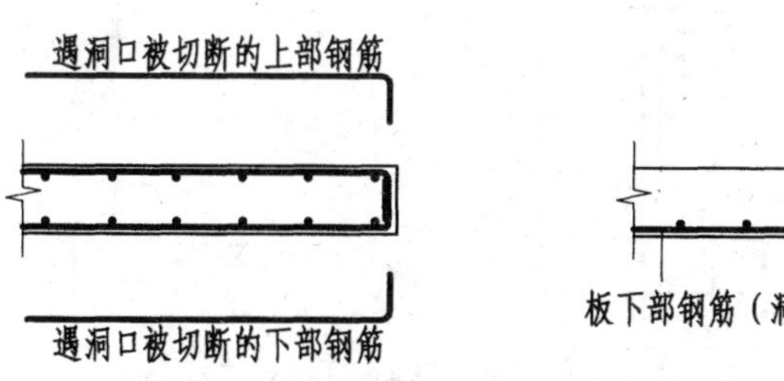

洞边被切断钢筋端部构造

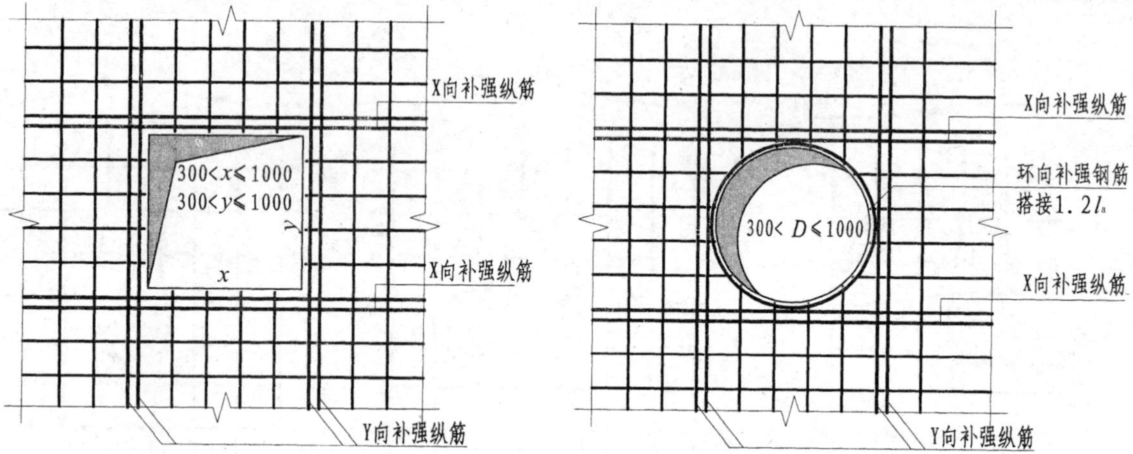

X向补强纵筋

300<x≤1000

300<y≤1000

y

x

X向补强纵筋

Y向补强纵筋

X向补强纵筋

环向补强钢筋

搭接$1.2l_a$

300< D≤1000

X向补强纵筋

Y向补强纵筋

板中开洞

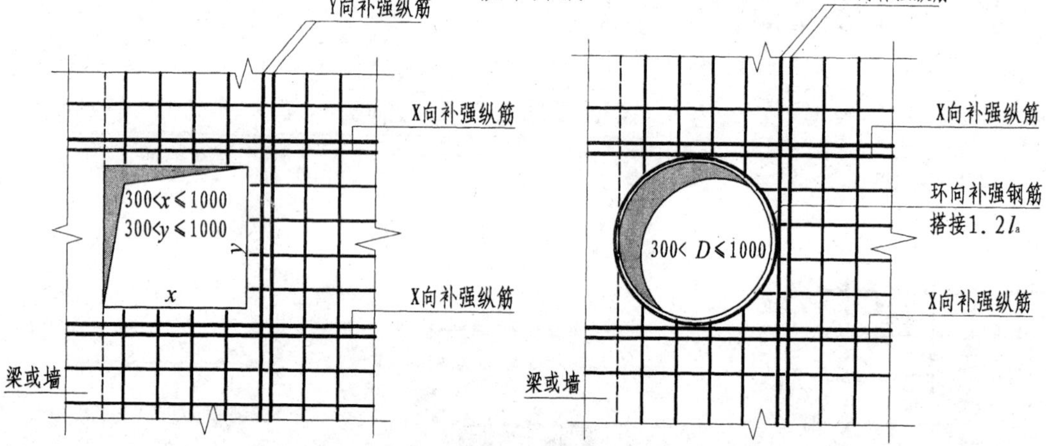

Y向补强纵筋

X向补强纵筋

300<x≤1000

300<y≤1000

y

x

X向补强纵筋

梁或墙

Y向补强纵筋

X向补强纵筋

环向补强钢筋

搭接$1.2l_a$

300< D≤1000

X向补强纵筋

梁或墙

梁边或墙边开洞

矩形洞边长和圆形洞直径

大于300但不大于1000时补强钢筋构造

按补强钢筋增设一根（矩形洞口）

环向补强钢筋（圆形洞口）

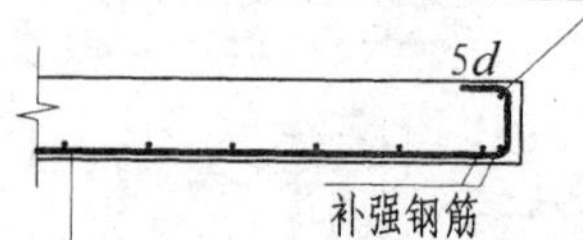

补强钢筋

板下部钢筋（洞口位置未设置上部钢筋）

洞边补强钢筋由遇洞口被切断的板下部钢筋的弯钩固定

遇洞口被切断的上部钢筋

其弯钩固定洞边补强钢筋

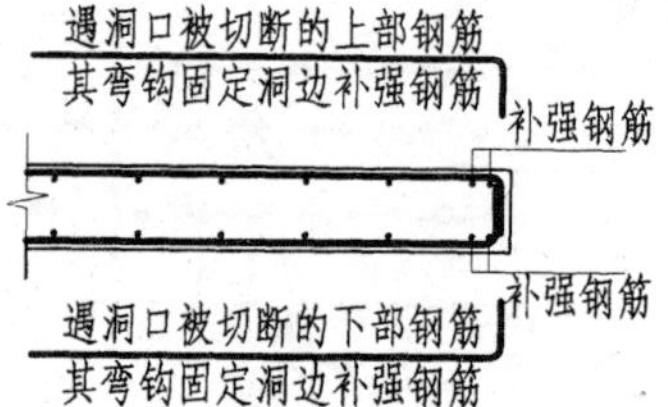

补强钢筋

补强钢筋

遇洞口被切断的下部钢筋

其弯钩固定洞边补强钢筋

洞边被切断钢筋端部构造

注：1. 当设计注写补强钢筋时，应按注写的规格、数量与长度值补强。当设计未注写时，X向、Y向分别按每边配置两根直径不小于12且不小于同向被切断纵向钢筋总面积的50%补强，补强钢筋与被切断钢筋布置在同一层面，两根补强钢筋之间的净距为30；环向上下各配置一根直径不小于10的钢筋补强。

2. 补强钢筋的强度等级与被切断钢筋相同。

3. X向、Y向补强纵筋伸入支座的锚固方式同板中钢筋，当不伸入支座时，设计应标注。

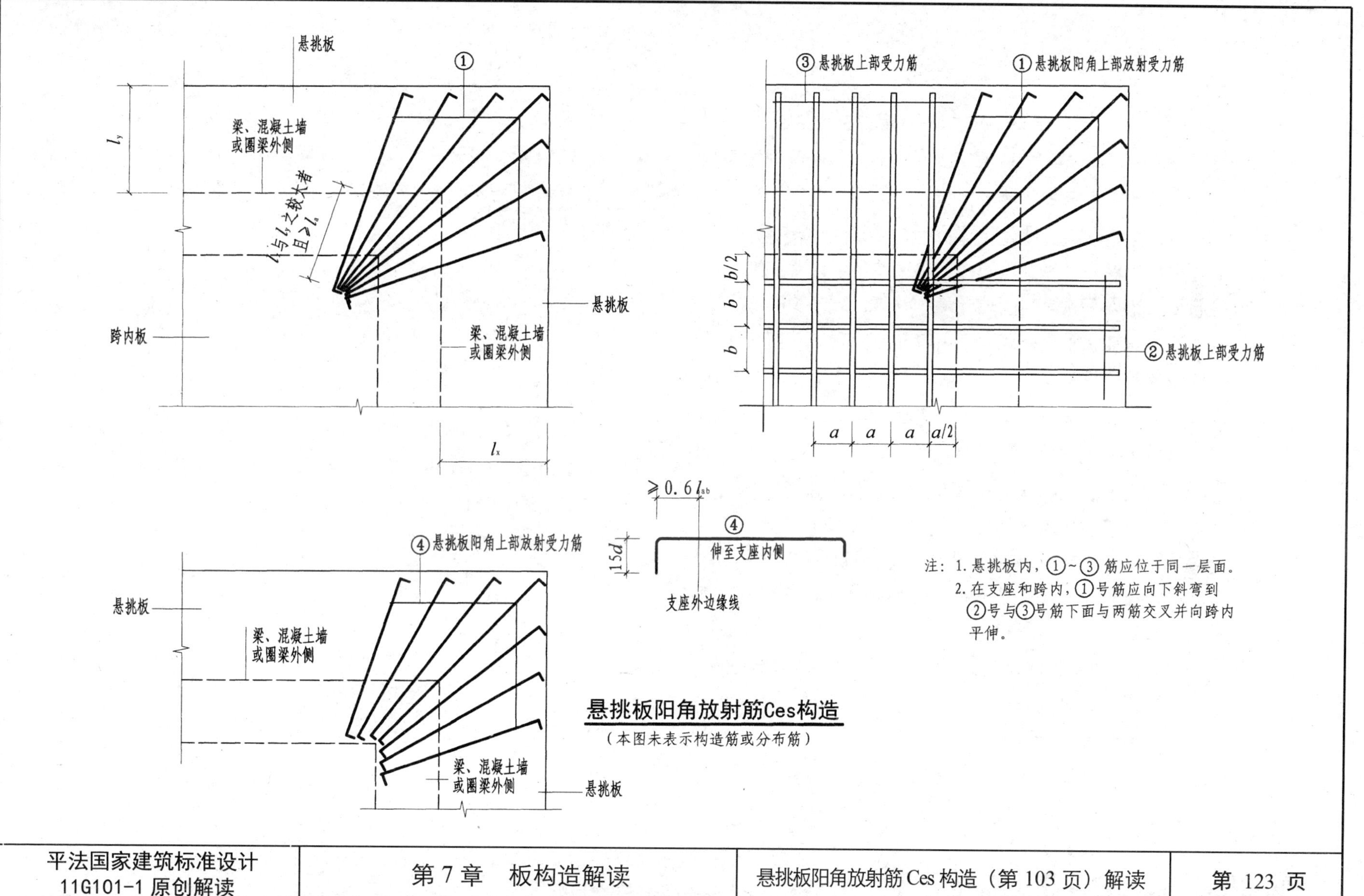

注：1. 悬挑板内，①~③ 筋应位于同一层面。
2. 在支座和跨内，①号筋应向下斜弯到②号与③号筋下面与两筋交叉并向跨内平伸。

悬挑板阳角放射筋Ces构造

（本图未表示构造筋或分布筋）

【解读】

11G101－1 第 101 页图系从 04G101－4 第 35 页同名图复制，第 102 页图系从 04G101－4 第 36 页同名图复制，第 103 页图系从 04G101－4 第 37 页同名图复制。

关于板开洞 BD 与洞边加强钢筋构造一（洞边无集中荷载）：

1. 本图所示矩形洞口边长或圆形洞口直径均不大于 300 mm 且洞边无集中荷载的“构造开洞”情况。
2. 当洞边存在可变集中荷载，且其量值不大时，可将板中开洞绕洞边的四根钢筋，梁边或墙边绕洞边的三根钢筋，梁交角或墙角绕洞边的两根钢筋，取其直径大于板配筋一档，仍采用该型构造进行洞口加强。

关于板开洞 BD 与洞边加强钢筋构造二（洞边无集中荷载）：

1. 本图所示矩形洞口边长或圆形洞口直径均大于 300 mm 且不大于 1000 mm 洞边无集中荷载的“构造开洞”情况。
2. 当设计注写补强钢筋时，应按注写的规格、数量与长度值补强。但应注意，当出现设计注写的补强钢筋小于图注规定的按构造配置的补强钢筋时，则属反常情况。此时，应与设计者沟通，确认是否有误。

关于悬挑板阳角放射筋 Ces 构造：

1. 本图所示局部升降板构造为构造升降，其升降幅度均≤300 mm，且升降高度均小于板厚。
2. 当低位板顶高于高位板底的尺寸允许钢筋贯通时，则能通则通（见左边第三、四两图）。应注意“允许钢筋贯通”并不限于“直通”，由于升降高度均小于板厚，虽然存在高差，但均可将钢筋弯折后贯通，能否实现取决于钢筋工的技术水平。

【原图】

11G101－1 第 104 页，板内纵筋加强带 JQD、板翻边 FB、悬挑板阴角构造；11G101－1 第 105 页，柱帽 ZMa、ZMb、ZMc、ZMb 构造；11G101－1 第 106 页，抗冲切箍筋 Rh、抗冲切弯起筋 Rb 构造：

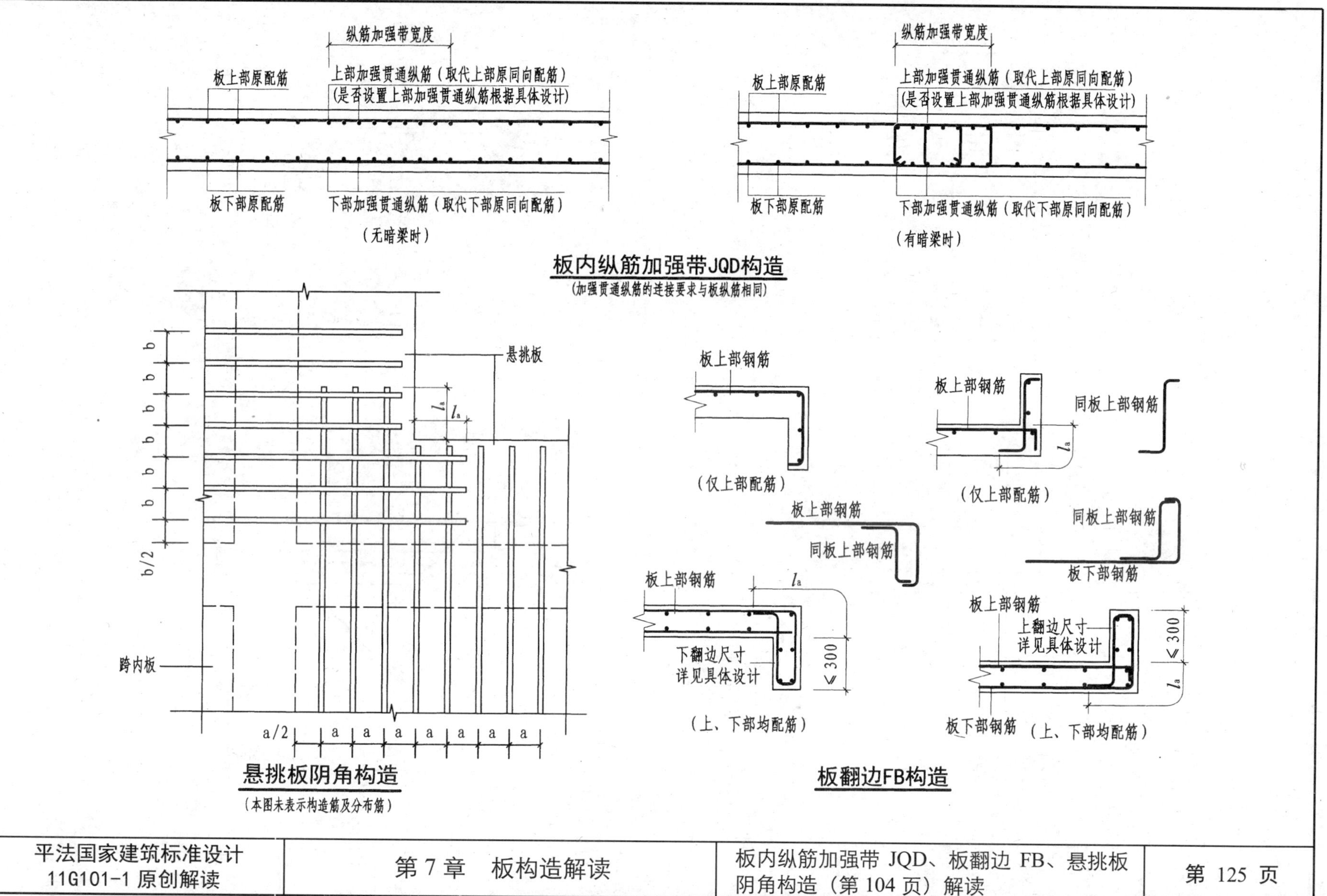

板内纵筋加强带JQD构造

（加强贯通纵筋的连接要求与板纵筋相同）

悬挑板阴角构造

（本图未表示构造筋及分布筋）

板翻边FB构造

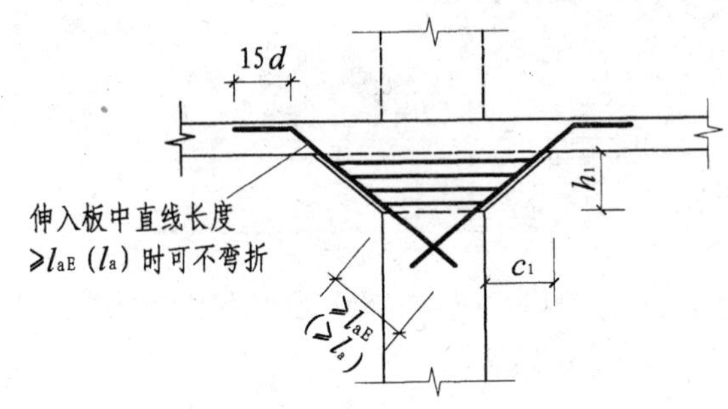

单倾角柱帽ZMa构造

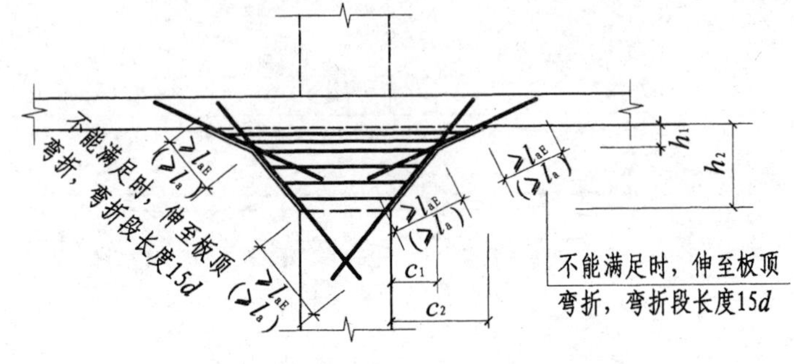

变倾角柱帽ZMc构造

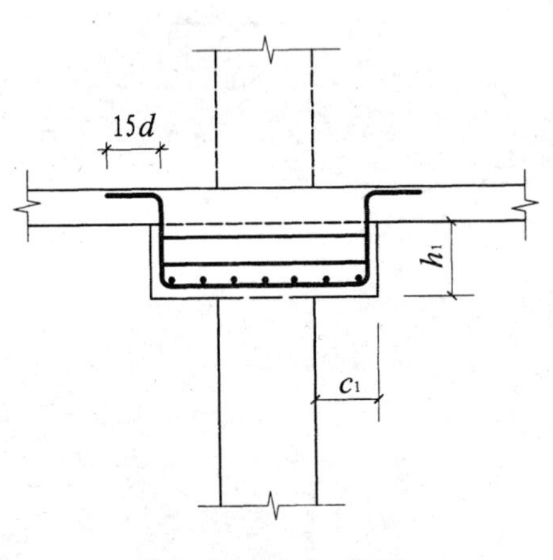

托板柱帽ZMb构造

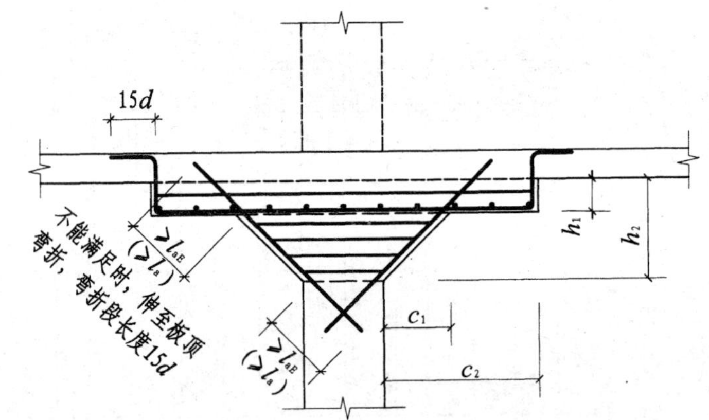

倾角联托板柱帽ZMab构造

注：括号内数字用于非抗震设计。

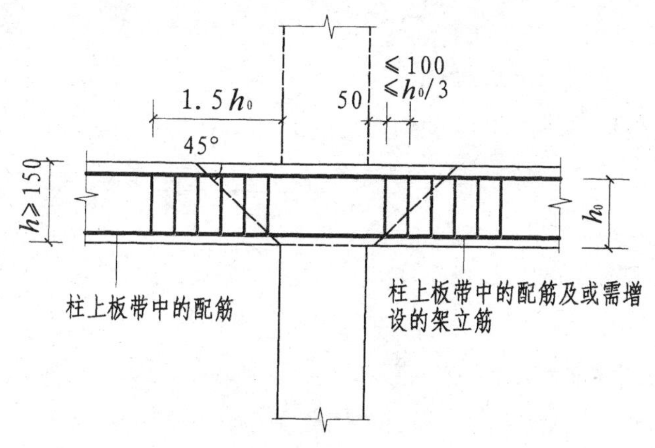

抗冲切箍筋Rh构造

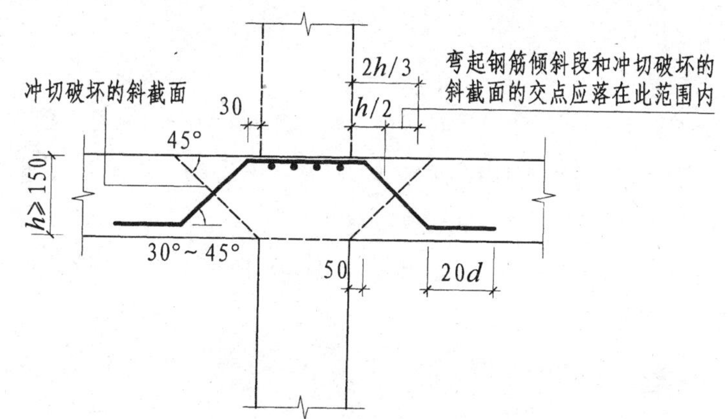

抗冲切弯起钢筋Rb构造

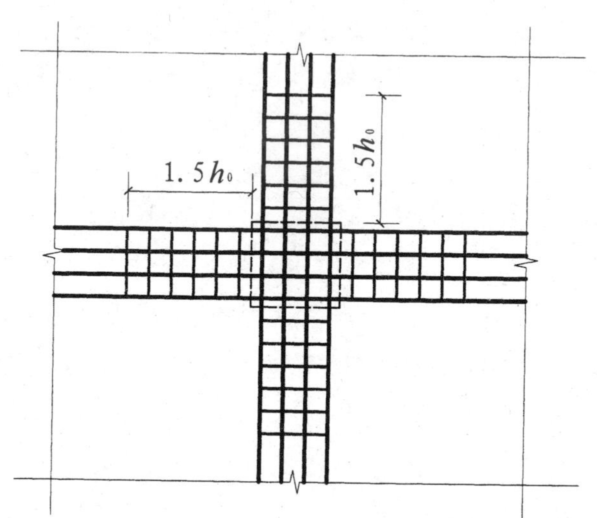

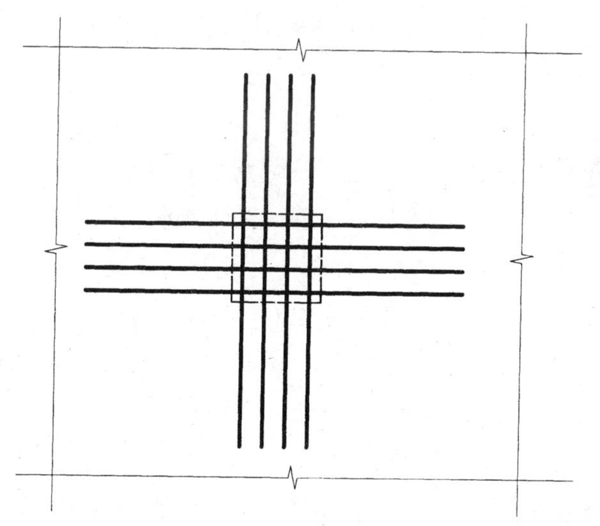

【解读】

11G101－1 第 104 页图系从 04G101－4 第 38 页同名图复制，第 105 页图系从 04G101－4 第 39 页同名图复制，第 106 页图系从 04G101－4 第 40 页同名图复制。

关于 11G101—1 第 104 页板内纵筋加强带 JQD、板翻边 FB、悬挑板阴角构造：

1. 纵筋加强带有设置加强纵筋与设置暗梁两种方式，施工实际配置钢筋时适用“当同一部位重叠设置两种钢筋时，不重复配置，取大者”的构造原则。
2. 板翻边构造方式有“非封闭配筋”与“封闭配筋”两种方式。当板翻边上可能附着固定牌匾、幕墙等物体时，应采用封闭配筋。
3. 悬挑板阴角构造中，在两向板上部纵筋交叉范围不需要重复配置分布筋。分布筋与同向板上部纵筋构造搭接可取 150 mm。此外，当悬挑板阴角位置可能承载集中荷载时(如固定室外机)，宜增设斜向平行附加钢筋。

关于 11G101—1 第 105 页柱帽 ZMa、ZMb、ZMc、ZMb 构造：

1. 本图所示有 4 种柱帽形式。柱帽配筋的构造形式，均应符合“纵筋在阳角部位弯折贯通，在阴角部位分别锚固（交叉搭接）”的构造原则。
2. 当板柱结构整体抗震时，通常柱抗震但楼板不抗震。但柱帽属于柱的特殊构造，因此，柱帽应按柱的抗震等级确定钢筋抗震搭接与抗震锚固长度。

关于 11G101—1 第 106 页抗冲切箍筋 Rh、抗冲切弯起筋 Rb 构造：

1. 本图所示为无柱帽平板设置抗冲切箍筋或抗冲切弯起筋构造，应注意抗冲切箍筋可与构造暗梁箍筋协调配置。
2. 现行《混规》第 11.9.5 条规定：“无柱帽平板宜在柱上板带设置暗梁，暗梁宽度可取柱宽加柱两侧各不大于 1.5 倍板厚。暗梁支座上部纵向钢筋应不少于柱上板带纵向钢筋截面面积的 1/2，暗梁下部纵向钢筋不宜少于上部纵向钢筋截面面积的 1/2。暗梁箍筋直径不应小于 8 mm，间距不宜大于 3/4 倍板厚，肢距不宜大于 2 倍板厚；支座处暗梁箍筋加密区长度不应小于 3 倍板厚，其箍筋间距不宜大于 100 mm，肢距不宜大于 250 mm。”
3. 现行《混规》第 9.1.11 条规定配置抗冲切箍筋：“箍筋直径不应小于 6 mm，且应做成封闭式，间距不应大于 $h_0/3$，且不应大于 100 mm”。规范规定两种构造配筋时未做统筹处理，将抗冲切箍筋与构造暗梁箍筋协调配置有一定难度，而重复配置亦无必要。